行動支付時代的

# 金錢整理術

キャッシュレス貧乏にならないお金の整理術



橫山光昭 著
許郁文 譯

**看不到的錢**更要留住！

收入沒增加、存款卻增加的**奇蹟存錢魔法**

Pay

你是「現金派」？
還是「行動支付派」？

現在已是用智慧型手機
「嗶」一下，
就能購物的時代，
而且很多人會以
這種行動支付的方式消費。

這種**行動支付**的方式有很多紅利點數，
也很簡單方便，想必今後會越來越普及吧。
但在如此簡單方便的背後，
其實潛藏著「**某個問題**」。
那就是越來越多人的家庭財務
出現「**隱形赤字**」。
許多人根本無法察覺每個月的家庭財務
早已出現破綻。這到底是為什麼呢？

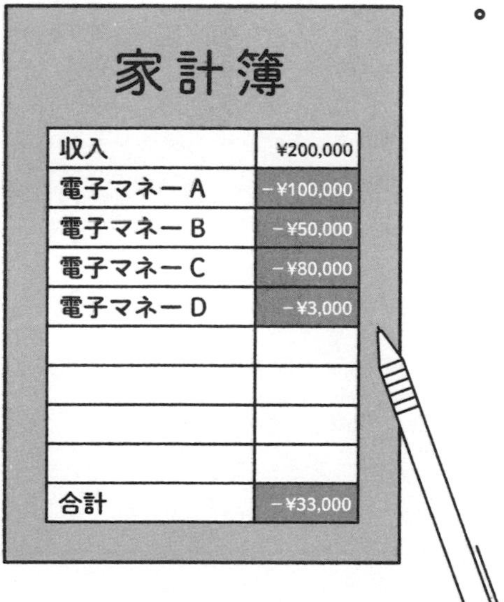

原因在於支付方式多得眼花繚亂，
多得造成「混亂」。
「現金」、「電子錢包」、「信用卡」……。

由於支付方式過於多元，
所以我們也越來越難以管理金錢
如果支付方式只有現金，那麼只要打開錢包，
就能知道現金的增減
但行動支付的方式讓我們「看不到現金」
所以很難掌握到底花了多少錢。

而且行動支付有種比付現金更容易花錢的感覺。
其實放在智慧型手機與卡片裡的錢
跟「現金」一樣重要，
但花錢的人卻還來不及體會這點。
還來不及將金錢＝現金（實物）的概念
轉化為金錢＝數字（數位）的概念
所以一不小心，就會花錢如流水。

因此才會落得一看帳單，
就懷疑「我有花這麼多錢嗎？」的下場。
比方說，應該有不少人都有悠遊卡吧。
悠遊卡不只可以搭車，也能當成電子錢包使用
所以越來越多人搞不清楚用悠遊卡付了多少錢。
其實這類問題常在不同的情況下發生
所以才讓人難以察覺家庭財務已出現虧損。

今後隱形虧損的問題應該會越來越嚴重吧。
當我提供家庭財務重生的諮詢服務後
發現有許多許多家庭
都是靠著年終獎金填補家庭財務上的漏洞！
再這樣下去，
就會落入「行動支付貧窮」的下場。
這麼一來，哪裡還有餘力存錢呢。

本書就是要解決這個「行動支付貧窮」的問題。

要解決這個問題，首先要讓支付的明細「透明化」。

就是徹底掌握什麼時候、為了什麼、付了多少錢。

之前我為二萬三千件家庭財務重生案件提供諮詢時

通常會將金錢的去向分成

「消費」、「浪費」、「投資」這三種

透過這類記錄支出的方式，幫助客戶重建家庭財務。

而現在，我則是將支付方式分成

「現金」、「電子錢包」、「信用卡」這三種

幫助客戶重建家庭財務。

其實我自己也是以手寫的方式記錄這三種支付方式的消費。

本書將這種記錄方式打造成一套完整的體系，

請大家務必試用看看。

此外，我還另外提出一個方法，

那就是將你的「**錢包**」

使用成存得了錢的類型。

舉例來說，

「**大錢包**」與「**小錢包**」。

您覺得哪種錢包存得了錢呢？

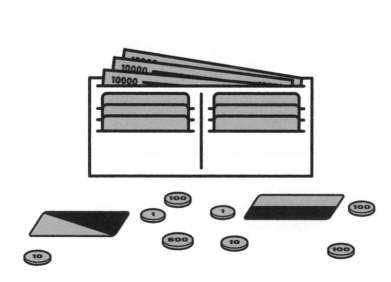

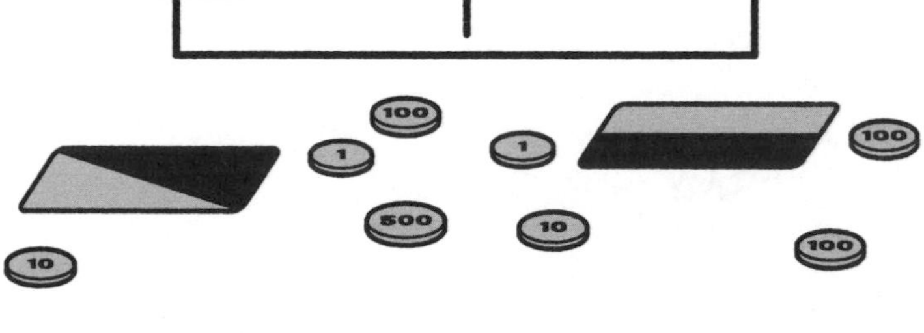

大錢包可以放比較多錢，

所以缺點是容易囤積多餘的東西，

例如發票、很少用的卡片……

整個錢包會因此亂得看不出到底放了多少錢。

也無法得知自己花了多少錢。

這種消費明細的「不透明」就是問題。

反觀小錢包只能放需要的東西，
所以很方便整理，
也能快速掌握金錢的出入。
在行動支付普及的時代
錢包再怎麼小，
也應該不會有什麼不便才對。

「換成小錢包」

與「能掌握行動支付明細的家計簿」

可填補支出的漏洞，

打造存得了錢的「現金流」。

濫用的金錢也會顯著地減少，

存款的上升速度也會讓你感到驚訝。

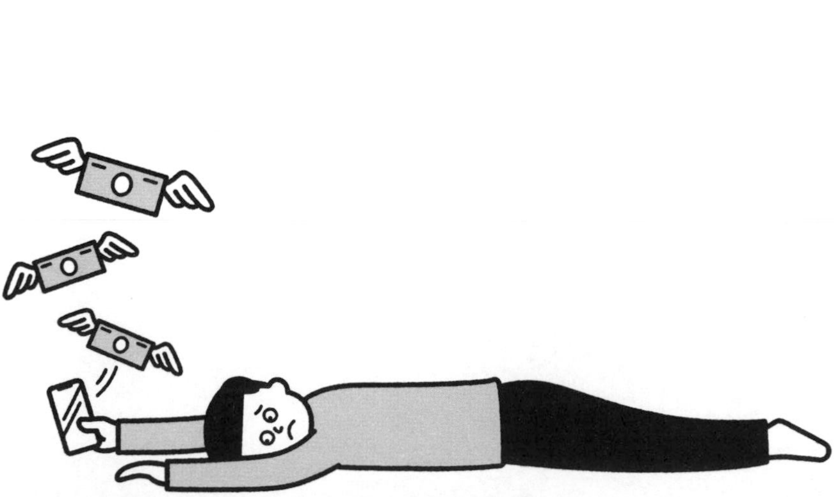

# 前言

## 咦？今天花了多少錢啊？
## 回過神來，才發現口袋空空的問題

大家午安，感謝大家購買《行動支付時代的金錢整理術》這本書。

我是家庭財務重生顧問——橫山光昭。

到目前為止，來我這裡尋求諮詢的人已超過二萬三千人。

每個人都有不同的家庭財務煩惱，有的人煩惱入不敷出，有的人煩惱存款不足，有些人則擔心退休沒錢花……。

處理這些煩惱的經驗讓我有機會寫了《月薪兩萬二也要存到錢！》這本教人如何存錢的書，另外還寫了《第一次三千元投資就上手的投資生活》這本教人如何投資賺錢的書。

**存錢、賺錢其實非常簡單。**

①「收入」－「支出」＝「儲蓄」

② **定期將部分的儲蓄用於投資**

怎麼樣？是不是真的很簡單？要說這是廢話還真的是廢話，但我真心覺得，大部分的人都做得到。

有些人告訴我，從①的收入減去支出之後，就已經所剩無幾，要是那個月不小心亂花錢，還有可能變成負的，哪有餘力進行②的投資。

其實，大部分來找我諮詢的人都還沒實踐上述公式就感到受挫，**回過頭來，才發現口袋沒錢的問題。**

其實「**錢會一點一滴流失**」問題出在「支出」這個環節。

一聽到原因來自於支出，想必很多人會聯想到亂花錢、不夠節儉、衝動性消費……這類「**花錢不知節制**」的問題吧。

亂花錢當然會沒錢，但**知道錢花在哪，就有機會改善**。

例如這個月一時衝動買了「那個東西」，所以家庭財務才會出現赤字，就是需要改善的情況。

所以只要改掉衝動消費的習慣，就能把錢留在身邊。

換言之，**支出之所以會出問題，在於不知道在哪裡花了多少錢**。

不知道在哪裡花了多少錢，就會發生下面的情況。

① **「收入」**（每個月固定）－**「支出」**（不知道多少，但一直支出）

＝「儲蓄」（月光族或是入不敷出）

② **沒有存款，所以沒辦法定期投資**

這才是在執行存錢公式之前就「受挫」的主因。

## 習慣行動支付後，更肆無忌憚地花費……

該怎麼做，才能順利起跑呢？

答案就是**讓不明的支出變得「具體可見」**。

每個月支出是「**我們家只要這些錢就能打平開銷**」的金額。真能存錢的人，通常都很清楚這個金額數字。

因為知道花多少，以及把錢花在哪裡，所以真的要存錢的時候，就能轉緊金錢點滴流失的水龍頭。

來我這裡諮詢該怎麼做才能存錢的人，通常都有一個共通之處。

那就是，**支出很零碎，難以具體掌握開銷數字**。

今天花了多少錢？昨天花了多少錢？現在錢包裡有多少錢？

每個月的伙食費需要多少？每個月自動扣款的保險費是誰的保險？

**這類人不太關心每個月花多少錢以及花在哪裡，對這些支出也是視而不見**。所以每到月底就會出現「咦？怎麼沒錢了，我有花這麼多錢嗎？」的疑問。

而且這類問題還會**隨著行動支付的潮流惡化**。

這家店有紅利活動，所以用信用卡付，那家店有現金回饋，所以用QR碼行動支付，還有這間店能用電子錢包付款，節省結帳時間。

隨著支付方式的多元化，我們已進入支出過於瑣碎、難以理清花費的時代。原本就不擅管理金錢的人，應該很難在這樣的時代裡快速強化管理金錢的能力吧。

因此我想透過這本書提出一個不管月薪是日幣15萬、20萬、30萬，或是每個月領零用錢的國中生，都能存錢的方法。

這個方法就是「縮小」與「記錄」。

第一步是**縮小支出的錢包**。

第二步是**記錄與整理零碎的支出**。

若問這麼做會得到什麼好處，答案就是能了解「我們家，只需要這些錢就能過得下去」的支出金額。

不管收入是多是少，只要知道這個花費數字，每個人都能存錢。若代入前述的公式，可得到下列的公式。

**「收入」**（每個月固定）－**「支出」**（知道花多少錢以及花在哪裡，所以不會入不敷出）＝**「儲蓄」**（留的住的錢）

本書不會提什麼存錢、投資、靈活運用資金這類複雜的內容。

要介紹的只有「錢包」與「日常的支出」。我想為大家送上的是「具體掌握」支出金額，減少浪費與存錢的方法。

沒有中樂透，沒有創業成功，沒有寫出暢銷著作，沒有發生什麼特別幸運的事，一般人不太可能突然有幾千萬元入帳。

我不否認會有這種從谷底翻身的機會，但一般人要能留住夠用的錢，第一步就是要掌握支出，這是能留下錢的第一步。

如果你看到退休金必須準備日幣兩千萬的新聞，開始擔心自己的退休生活，就從小處花費開始著手準備吧。這不需要什麼特別能力或是刻意節儉才做得到。

**為了送未來的自己一份禮物，就從現在開始，一步步踏實地準備吧。**

從今天能開始的事情著手，一起打造沒有煩惱的未來。

# 行動支付時代的金錢整理術

第一章

# 不小心花太多錢必有原因

## 金錢整理術

目錄

第四章

# 從今天開始！為了存錢，培養整理雜物的習慣

第一章

# 不小心花太多錢
# 必有原因

覺得最近好像太常以行動支付的方式結帳，花費好像莫名增加……您身邊應該也有不少這類人吧？只是這些人本來就習慣亂花錢。到底為什麼會不小心花太多錢？先在第一章從頭檢視一番吧！

金錢整理術
01

# 你說得出來今天花多少錢嗎？

到目前為止，來找我諮詢家庭財務問題的人大概超過二萬三千人，每次我都深深地覺得**「能不能存得了錢，與收入沒有關係」**（收入如果很高，那自然另當別論）。

例如，有對夫婦明明每個月的收入合計有日幣五十五萬，但每個月的收支卻只是打平，至於獎金的部分，付完房貸與稅金就沒了，所以兩個人加起來的存款只有日幣幾十萬元……。

這對夫妻一直以為彼此會存錢，直到來諮詢才發現「我們家沒有存款」這個驚人的事實。

反觀有對夫妻的收入雖然只有日幣二十五萬，卻能一邊養小孩，一邊讓存款的數字慢慢增加，而且來我這的目的是為了「想知道怎麼投資，以便為未來鋪路」。

- 收入很多，卻存不了錢的人
- 收入很多，自然而然將多出來的收入存起來的人
- 收入不多，煩惱存不了錢的人
- 收入不多，卻能存下錢的人

您屬於上述哪種類型呢？

順帶一提，最常找我諮詢的是「收入很多，卻存不了錢的人」。

這類型的人都有一個問題，那就是**不太了解自己花多少錢（支出）**。這類人的收入比一般人高，所以一旦覺得「這東西應該會用到吧」就會掏錢買下來。

比方說：有車很方便，而且很酷，所以貸款買新車。只要是為了孩子的將來，不管是鋼琴教室、游泳課還是英語會話課，都讓孩子去上。

**因為負擔得起，所以不用太過計較需不需要，花錢也花得很闊氣，以致於**雖然很會賺錢，但每到發薪日之前才發現手上沒有現金。

「**反正可以用信用卡付，沒關係啦**」，如果習慣先以信用卡或綁定的電子錢包結帳，就會多出很多這類「反正付得起」的支出。

## 一沒現金就拿起電子錢包或信用卡支付

其實這類傾向與「收入不多，煩惱存不了錢的人」有共通的收支問題。

那就是收入較少，能支配的金錢也比較少，但花錢還是一樣隨意的問題。

這兩種類型的人都會在手上沒現金的時候，改以信用卡或電子錢包結帳，久而久之，在下個發薪日之前，都不知道自己已經花了多少錢。

只要錢會匯入戶頭就沒什麼問題。**反正上個月也是這樣，這個月應該也沒問題吧**，所以也不用打算改善自己的花錢習慣。

反觀收入很少卻能存下錢的人，**都會記下每一筆支出**，知道自己在什麼地方花了多少錢，有沒有花了不該花的錢，精準地控制自己的收支。

我都常會問花錢花得隨意的人這個問題。

**「你說得出來今天花多少錢嗎？」**

目的是讓這些人檢視自己的支出。

第一章會先**深入探討「存不了錢的人」有什麼傾向**。請各位一邊閱讀本書，一邊拿自己的消費情況比對，確認自己有無類似的傾向吧。

存不了錢是「不知道花了多少錢」。只要找出為什麼不知道花了多少錢，應該就能知道該怎麼做，才能讓家庭財務化為「具體」的數據。

一如前述，隨著行動支付的潮流興起，支付方式也跟著多元化，所以現在越來越需要重視、清楚自己花了多少錢，以及為什麼要花這些錢。

「再這樣下去不行？」

只要發現這個問題，就能開始存錢，避免自己成為行動支付潮流下的難民。

總結 01

**回過神發現自己手上沒現金，所以只好改用信用卡支付。戒掉這個壞習慣吧！**

金錢整理術
02

# 每個月的支出赤字都用獎金彌補嗎？

我常聽到有人抱怨**習慣行動支付之後，不知道自己一個月花多少錢**，帳單來了才驚覺「居然花這麼多錢」的人也不少。

明知如此，為什麼還是沒有危機感呢？「獎金」或許是答案之一。

獎金是不需用於每月生活費的整筆收入。

二〇一九年，市調公司「Macromill」曾對民營企業的正職員工進行一項調查，**發現領得到獎金的人佔整體的84％**。那這些人都把獎金用在什麼地方呢？

同一份問卷調查指出，**比例最高的用途為「儲蓄」**，但回答是「**獎金一下子就用掉**」的人也不少。

其實來我這裡諮詢收支問題的人，都屬於獎金一下子就用完的類型。

會產生這樣原因至少有兩個，其中一個是**獎金都是固定用途**。

比方說，日幣10萬元用來付房貸。

日幣5萬元用來付車貸。

日幣8萬元用來付信用卡卡費。

也就是寅吃卯糧，拿預期入帳的獎金支付過去的消費。

另一個原因就是**平日的花費太隨意**。

比方說，收入比平均高，卻無法存錢的人很習慣買稍微好一點的東西。

食材一定選國產品，洗髮精一定選零矽靈的產品，快時尚的產品絕對不買，

這些人很習慣買稍微貴一點的產品。由於負擔得起，所以不覺得是在浪費錢。

每個月的家庭財務看起來似乎沒什麼大礙。

但其實是利用獎金支付信用卡費，換言之，是用**獎金填補家庭財務赤字**，所以每當獎金從左手入帳，就從右手付出去，花得一乾二淨。從獎金花用的情況可得知收支的平衡度。

一如開頭所述，這些人負擔得起這樣的消費，也不覺得有什麼問題，所以才會養成這種壞習慣。

## 計畫性的花費嗎？還是暫時性的開銷嗎？從如何使用獎金分辨

反觀能存下錢的人會仔細計畫獎金該怎麼用在自己或是家人身上，讓獎金花得更有意義。

比如說，這些人會把錢花在考證照或是自我投資，或是帶家人一起去旅行、吃美食，犒賞一下平日忙碌的自己或家人，讓自己充滿活力，面對明日的挑戰。

換言之，從**獎金的使用方法可看得出每個人的生涯規劃**。

「十年後，想擁有屬於自己的家」、「為了五年後要考大學的小孩存教育基金」、「為了一年後的結婚典禮存日幣一百萬元」、「為了跳槽到更好的公司，要存錢留學」，**一旦人生有明確的目標或目的，獎金的用途就會不同。**

「如果不為未來的自己或家人存錢的話……」

「為了跳槽，必須投資自己。如果不存下投資自己的基金……」

換言之，生涯規劃與獎金的使用方法息息相關。

**反觀那些獎金一到手就立刻花光的人，很可能沒有明確的生涯規劃。**所以一看到想要的東西就會買，錢當然越花越多。

一旦**獎金因為不景氣而減少，收支很可能瞬間失去平衡。**

花錢花得很隨性，意味著一點一滴奪走家庭財務的體力，獎金也只能當成應急的補藥，什麼都留不下。

總結02

## 別再讓獎金一入帳就花光

改善的第一步就是讓每天的支出「具體化」，接著從生涯規劃的角度決定獎金的用途。只要做到這兩點，存款肯定會年年增加。

金錢整理術 03

# 你也覺得「買喜歡的東西就另當別論」……嗎？

雖然行動支付是導致支出增加的原因之一，但其實真正的問題出在當事人的「心情」，因為行動支付終究只是一種支付方式，只要使用者能自我節制，支出也不會莫名增加。

剛剛提到的「心情」是什麼意思？

來找我諮詢的人常直接了當地說「**我明明很省，卻總是存不了錢**」。

仔細一問才知道，他們會為了節省水費而在馬桶的儲水槽放寶特瓶，或是為了節省伙食費，會拿著促銷傳單去好幾間店買食材，也會為了節省電費而拔掉沒在用的插頭⋯⋯。

儘管東省西省，卻還是存不了太多錢。

究其原因會發現，這類人特別喜歡去日式的「百元商店」消費。原本是覺得百元商店的「商品很便宜，能省下一些錢」才去，後來卻演變成「反正才日幣一百元，而且又很好用」而買了一堆用不到的東西……。

這讓他們陷入為了滿足購物慾，每個月在百元商店花日幣五千、六千元的惡性循環，家裡也堆滿了用不到的百元商品。

有些人則是無法拒絕便利商品新推出的甜點，有些人則是藥妝店一推出紅利點數大放送或限期折扣的活動，就一定會去大肆採購。

雖然這些人平日都很節儉，但只要套上「喜歡」這個濾鏡，就顧不得支出的細項有多少。

因為是喜歡的藝人，所以買他的周邊商品也是應該的。因為喜歡的樂隊，買票替他們加油也無可厚非。

看到價錢低於日幣一千元的可愛商品，就會忍不住想買，因為可愛是無敵的。因為喜歡跟大家聚在一起喝酒，所以不小心喝過頭，就坐計程車回家。

這種「喜歡就另當別論」的心態，會一下子花完平常好不容易省下來的金錢。

話說回來，這些人覺得這種消費很快樂，也覺得很充實，所以很難戒得掉這種壞習慣。

我自己也很喜歡百元商店，能存得了錢的人，也不見得能拒絕得了喜歡的事物。

存得了錢與存不了錢的差異，只在於是否建立使用金錢的規矩。

## 忍耐是痛苦的，試著快樂地節省吧

所謂的規矩，並不如想像的嚴苛。

只需要將那些在百元商店、便利商店、藥妝店才能消化的消費慾，轉化成在家庭財務的消費慾即可。

換言之，不管是餐費還是雜費，都由你的零用錢支出，不要列為家庭財務的家用部分。

家用與零用錢當然都是來自同一個收入。

但如果先決定了每個月的零用錢「只有日幣三萬元」，這部分就會變成固定的家用支出，接著只要訂出「為了滿足消費慾的購物都由零用錢支付」的規矩，收支就會漸漸平衡。

若將「在便利商店的消費視為餐費之一」或是「在藥妝店的消費算是雜費之一」視為順理成章的家用，就無法仔細記錄支出的細目，支出也會節節上漲。

「節約」非不在喜歡的東西上花錢，而是訂出花錢的規則，避免自己亂花錢。將「零用錢」與「生活費」分成兩個部分，就能將錢花在刀口上，也比較容易釐清支出的內容。

此外，「這個部分的錢可以隨便花」的規矩能讓你花錢花得更安心之外，先撥出一部分當零用錢，也能避免家用不夠。如此一來，既能達到節儉的目的，又不必忍著不買喜歡的東西，當然就能讓收支更加平衡。

零用錢的比例可視收入決定。雖然沒有其他的來源，但是要怎麼用都可以。只要建立這類規矩，將「該省下來的錢」與「可自由花費的錢」分開來，就能讓生活過得更充實愉快。

我們該做的不是壓抑自己的物慾，而是在有限的空間內釋放物慾。這就是那些存得了錢的人的收支祕訣。正因為現在是能利用智慧型手機、信用卡輕鬆購物的時代，所以才更需要訂立這類規則。

總結 03

**控制支出的祕訣就是戒掉「因為喜歡，所以另當別論」的習慣**

金錢整理術 04

# 「需要」跟「想要」有分清楚嗎？

## 「需要」跟「想要」有分清楚嗎？

「錢都花哪去，想不起來」

「發薪日的前幾天就沒錢」

存不了錢的人最常把這幾句話掛在嘴邊。

這幾句話藏著這些人最具代表性的問題。

那就是──**他們不知道自己花錢花得很浪費**。

所以才存不了錢。

大家有沒有在特賣會或促銷活動買過沒有很想要，或是不會立刻用到的東西呢？

有沒有買了同一種日用品，才發現家裡還有庫存的經驗呢？

長此以往，這種浪費的習慣會讓收支漸漸失去平衡。

原本可以存得下來的錢，也因為「這東西很便宜」或「在促銷活動買很划算」而花掉，家裡也堆了很多不太需要的東西。

如果讀到這裡，發現「自己說不定也有一樣的毛病」的話，請務必檢視自己的支出。聽起來或許有些誇張，但請務必冷靜而客觀地重新檢視自己的消費行為，很可能發現一些你以為沒什麼，但其實很浪費的支出。

**在打開錢包之前，在以信用卡或智慧型手機結帳之前，請問問自己「這東西需要嗎？會不會太浪費」。**

只要多這道步驟，支出的質量就會提升。

歐美的家長在教小孩理財時，第一步會問小孩「你需要這個嗎？還是想要這個？」

・需要＝需求

・想要＝慾望

在花錢之前，先問問自己「是因為需要才買」還是「只是因為想要才買」，給自己一點思考的緩衝。

**因為我們很擅長將「想要」偽裝成「需要」。**

## 明明只是想要，卻偽裝成需要

我也是物慾很強的人，也有很多想要的東西。要是有人告訴我，手上的錢可以全部花掉，我肯定有多少花多少。

不過從需要跟想要的角度來看，就會立刻明白「想要的東西並不一定需要」這個道理。

而且也會發現自己有多麼懂得將「想要」偽裝成「需要」。

明明只是因為想要而買，事後被問到「為什麼買了這個」的時候，會找很多理由解釋「為什麼需要這個」，這還真是讓人不得不敬佩的能力。

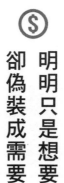

比方說，我家有台很棒的數位單眼相機。

覺得「想買！很想要！」的我是以「我想幫大家拍美美的照片」、「我想記錄孩子的成長過程」說服家人，買了這台數位單眼相機。

等到真的買了，一年卻用不到兩、三次……。

過了半年，再也沒有辦法將「想要」解釋「必要」之後，老婆跟女兒就開始唸我「這台相機變成房間角落的冗物囉！」。

想必大家也有類似的經驗吧。就算知道要冷靜地判斷需要與想要，但還是很容易「誤入陷阱」。

話說回來，如此浪費金錢，是存不了錢的。

翻開花錢如流水的人的家庭財務簿，就會發現這些人通常把錢花在「想要」的東西上。

因此「想買」、「想要」的念頭很強烈的時候，記得問問自己「我真的需要這個東西嗎？」當然，這也是我得反省的部分。

總結 04

## 確認是不是真的需要的東西！如果只是「想要」就別買

金錢整理術
05

# 房間是否堆滿冗物？

我以前曾有一陣子擔任某個電視節目的監製。

當時有機會與製作連續劇或電視佈景的專家聊天，所以問了個一直很在意的問題。

**「替存不了錢的人製作家裡的佈景時，你最著重哪個部分？」**

這位專家非常明確地回答**「只要做一個堆滿冗物的家，就足以代表這是存不了錢的人的家」**。

就算不是堆滿垃圾的房子，只要打造一個到處都是雜物的空間，例如架上堆滿了日用品，走廊擺著一疊疊堆在一起的泡麵或寶特瓶，或是有一堆衣服露出來的衣櫃，看起來就很像是存不了錢的人會住的家。

**「但是為什麼一堆雜物會讓人聯想到窮人或存不了錢的人呢？」**

專家的回答我「你不問，我還不覺得是這樣耶。我只是隱約如此覺得，但不知道為什麼」。

正當這位美術專家歪著頭想的時候，我告訴他從多次家庭財務諮詢經驗發現的「**金錢**」、「**物品**」、「**整理**」**的惡性循環**。

這個惡性循環具有下列的連鎖反應。

① 因為不整理，所以東西會越來越多。
② 因為東西多得不知道自己買過什麼，所以會買到重複的東西。
③ 結果多花錢買不需要的東西。
④ 無法掌握的支出越來越多，就無法留住金錢。
⑤ 所以存不了錢。
⑥ 東西一多，就不想整理。

房間亂七八糟的人，冰箱一堆過期食品的人，同樣的商品買兩遍、三遍的人……。

很多來諮詢的人，都說自己「不擅於理財」，也通常有「房間太多東西」或「討厭整理」這類併發症。

不懂得管理金錢與物品的人，房間一定亂七八糟，無法掌握的支出也會增加，家庭財務也因此失衡。

## 一個月替自己的房間拍一張照片，就會發現「浪費」

讓我們一起確認你的房間是否也出現了上述的惡性循環吧。請試著一個月一次，用手機替房間的各個角落拍照片。

如此一來，就會知道自己有哪些東西，同時會開始反省「這個真的是覺得需要才買的嗎？」、「這個從上個月之後就一次也沒用過啊……」也就不會再亂買東西。

接著，可以看著照片問問自己下列的幾個問題。

- 從照片確認房間裡的物品之後，有什麼想法？
- 有哪些東西是多餘的？為什麼會覺得多餘？

・有沒有哪些是用得到，但少了也沒關係的東西？
・有沒有哪些是覺得還好有買的東西？為什麼會這麼覺得？
・今後還想補買哪些東西？有想要的東西嗎？

重覆幾次這個流程，就會知道自己對「東西」與「整理」的想法。而且也能實現前一節介紹的「需要」與「想要」計畫金錢的用途。

將堆滿東西的房間整理成只剩必需品的房間。

「金錢」與「整理」之間有著非常密切的關係。

總結 05

**看了房間就知道，哪些人屬於存得了錢的體質，哪些人存不了錢**

金錢整理術
06

# 你有幾張卡片？
# 都清楚每張卡的使用狀況嗎？

你的錢包除了錢，還放了哪些東西呢？

現在就拿出錢包確認一下吧！

集點卡、信用卡、發票、折價券、收據、健保卡、駕照、護身符、小孩或寵物的照片，令人意外的是，我們的錢包常放這些跟錢沒什麼關係的雜物。

我把這種放了一堆雜物的錢包稱為「懶豬錢包」，我認為這種錢包是害人無法存錢的原因之一，通常會建議來諮詢的人改掉這個壞習慣。

其中的集點卡或是信用卡很常是因為被推薦才申請，但也就是這樣才越來越多張卡片，害錢包腫得跟懶豬一樣。

結帳時常聽到「今天買的東西可以集點」、「紅利可以用來購物」，我明白這的確會讓人覺得很划算，但申請了這些新卡片，真的就會用來集點嗎？

**先申請才划算，不申請會吃虧。**

這種預期獲利的期待與不安，誘使我們不斷辦卡，錢包也因此越來越胖。

打開錢包，發現裡頭有四、五張信用卡的人應該不少吧？不管是為了信用卡的紅利、哩程數還是其他理由申辦，你真的從這些卡片賺到好處了嗎？

其實使用這些信用卡的頻率應該不太高才對。反過來說，**如果你真的從這些信用卡賺到應有的優惠，恐怕已經太常使用這些信用卡。**

同時，使用多張信用卡會讓你難以釐清支出的細項，錢也會因此莫名地流失。

## 卡片越少張，無謂的支出越少

不管是集點卡還是信用卡，不妨每兩、三個月從錢包全部拿出來，確認一下使用的頻率。

假設有卡片在這過去的兩、三個月之內一次都沒用過，不妨就直接剪掉。

那麼有哪些卡片應該保留呢？

或許大家會在意集點卡的回饋比例或是回饋方式（例如是贈品，還是現金回饋），但最該保留的是「常去的店家」的集點卡，因為不管回饋比例再高，只要不是常去的店家，這張集點卡就用不到，當然也賺不到優惠。只有常去的店，才最有機會利用集點卡賺到優惠。

至於信用卡就更容易處理了。

最該先剪掉的就是需要年費，但是回饋金額卻低於年費的信用卡。

讓我們以年費日幣兩千元，提供卡友優惠「生日5%折扣」、「特別日子10%折扣」的信用卡為例。乍看之下，這張信用卡似乎很划算，但只要沒從折扣賺回年費的日幣兩千元，就沒必要持有這張信用卡。

此外，有些信用卡申辦時不用繳年費，第二年之後才需要繳年費。如果你發現自己已經不知不覺繳了好幾年年費，就把這張卡片列入汰除對象吧。

再者，不需要申辦同一間信用卡公司的信用卡。

常用的有便利商店聯名卡、銀行聯名卡、加油站聯名卡，要是因為推銷就辦了這些卡，VISA、JCB、Master 這些信用卡公司發行的信用卡一定會重覆。

如果每一張都需要繳年費，當然會出現很多零碎又不透明的支出，所以只要有一張信用卡就足夠了。

順帶一提，我覺得自己是不適合申辦信用卡的人，因為我是那種常在飲食花錢的人，尤其是一喝醉，就會用信用卡大手筆花錢的人，**所以我規定自己「不可以申辦」信用卡。**

基本上，我都是付現金，不然就是在錢包放張簽帳金融卡。如果知道自己是那種會不小心使用信用卡，或是會申辦很多張信用卡的人，禁止自己「申辦信用卡」也是不錯的方式。

如果是想擁有信用卡的人，不妨以「想累積哪種紅利」做為申辦信用卡的標準。

如果想累積哩程，換張免費機票，那建議申辦航空公司的聯名卡，如果想要從悠遊卡賺點回饋，就申辦悠遊卡相關的聯名卡。如果希望紅利可以轉換成現金，就申辦超市或購物中心相關的聯名卡。依照功能或需求辦卡，應該就能擺脫懶豬錢包。

總結
06

存不了錢的人，錢包通常很厚。錢包越薄，越存得了錢

## 劇戲性地救回每個月不足日幣六萬元的家庭財務！
## 利用「視覺化記錄」區分需要與不需要的商品

最近有越來越多人使用「記帳 App」。

這類 App 可幫助我們「視覺化記錄」支出，例如將發票拍成照片，就會自動轉換成支出記錄，或是會自動記錄以行動支付付款的支出。

但是過度依賴這類自動記錄功能，有時候反而會管不好家庭財務。

曾有對 A 夫婦來找我諮詢時，告訴我「他們覺得應該要生第二胎了，但從幾年前開始，存款就一直沒什麼增加」。這對夫妻是雙薪家庭，男方是上班族（35 歲），女方也是上班族（32 歲），長女（4 歲）還在上幼兒園，是成員共三人的小家庭。

專欄 1
## 「存得了錢的記帳 APP」

他們習慣使用記帳 App 管理家庭財務，帳面也都是黑字。

但奇怪的是，存款就是沒增加。原來問題出在「漏記了現金的支出」。

A先生使用的記帳 App 會自動記錄信用卡、電子錢包的支出，但現金支付的部分得拍攝發票才能記錄，不然就得手動輸入。剛開始使用的時候，還願意手動輸入，但用習慣之後，男女雙方都覺得記錄現金的支出很麻煩。

所以有些支出就沒納入記錄，也就無法掌握家庭財務的全貌。

所以當他們來諮詢的時候，除了記帳 App 自動記錄的部分之外，我請他們兩位盡可能回想現金支出的部分，並將自動記錄與現金支出的這些部分寫在紙上。結果便發現，原本就快入不敷出的家庭財務，其實早已產生日幣六萬二千元的赤字。

就一整年來看，這對夫妻的家庭財務之所以沒出現紅字，是因為他們都是以薪資帳戶的薪水與獎金支付信用卡帳單。換言之，他們的獎金都拿來補紅字的洞，所以才沒注意到每個月早已掉入帳款中挖東牆補西牆的陷阱。

兩個人用來存獎金的戶頭一毛錢也不剩這點，他們也覺得很奇怪，卻從沒想過找出原因，所以才會落入無法存錢的下場。

**讓家庭財務赤字轉而產生日幣六萬元的餘額！**
**多虧記帳APP的幫忙，才能改善家庭財務**

在那次諮詢裡，我要求他們將三個月內的所有支出，不管是現金、信用卡

還是電子錢包，全部寫在記帳 APP。

目的是為了掌握家庭財務的現況。

重點在於回顧每個月的支出狀況，並且改善浪費的部分。若無法掌握現況，就無法找出改善的方法。

之所以期限定為三個月，是想讓他們了解自己會在什麼時候，或是什麼樣的心情下亂花錢。

結果發現，他們在餐費與服飾上花太多錢。

這對夫婦都在服飾公司上班，很喜歡正在流行的衣服、髮型與化粧品，一看到最新的商品就會買下來，消費模式與單身的時候如出一轍。

由於雙薪家庭不方便自己煮飯，所以他們很常外食或是直接買百貨公司地下街的熟食解決，這也是金錢慢慢流失的小洞。

當他們開始購買單次可煮三人份伙食的「餐點 DIY 配送箱」（Meal Kit），收支的情況便開始改善。

最終，伙食費的部分節省了日幣三萬元，電信費減少了日幣兩萬元，節約幅度最大的是服飾費，節省了日幣七萬元之多。

在他們購買服飾之前，我要求他們先以前述的「需要」與「想要」判斷，而且還請他們整理一下爆滿的衣櫃，以及騰出收納的空間。

當他們決定哪些衣服一定會收起來，就發現之前買了很多不必要的衣服。

總結他們節省了日幣十二萬元。

所以家庭財務也從不足日幣六萬元，改善為盈餘日幣六萬元的狀況。

第二章

# 換成小錢包
# 就能存得了錢

到底今天、本週、本月花了多少錢？似乎很多人不知道這些問題的答案，才會不小心花得比自己以為的還多，並淪為月光族……。建議這些人換個小錢包！到底換成小錢包能有什麼驚人的效果呢？

金錢整理術
07

# 錢包的空間不多，
# 就放不下多餘的信用卡與發票

你知道自己的錢包放多少錢嗎？

**若有個粗略的金額浮現腦海的話，先閉上本書，把錢包拿出來對一下答案。**

如何？您答對了嗎？我有時會在演講開場時，問現場來賓這個問題。不少人的答案都只有幾百元以內的誤差，但很少人可以連尾數幾元都答對的。

當然也有「到底放了多少錢啊？」的人。

哪一種人才是真的存得了錢，想必已不用多做說明了吧？當然是誤差只有幾百元，正確掌握錢包有多少錢的人。

聽到這裡，或許大家會覺得「果然要理財，財才會理你」，有些不太在意錢包有多少錢的人則會反譏「算得那麼仔細，也太窮酸了吧」。

不過重點不在於「對錢仔細」。

**而是在意錢包與金錢。**

比方說，大家可聽過「有錢人都用長皮夾」、「用長皮夾就能存得了錢」這類的都市傳說？

其實受訪時，也會被問到「用長皮夾真的就存得了錢嗎？」但老實說，「用長皮夾」與「存得了錢」根本是兩碼子事。

唯一能說的是，「換錢包」與「存得了錢」有關。

## 從大錢包換成小錢包。對錢將有不同的「感覺」

不管錢包長得怎麼樣，存得了錢的人，都很愛惜自己的錢包。因為很愛惜，所以外表通常很乾淨漂亮，裡面也只放錢，日幣一萬元、五千元、一千元這些紙鈔也會以同一個方向對齊。

如此重視金錢的人很討厭把錢折成一半，也習慣將零錢與紙鈔分開來放，所以最後才會選擇使用長皮夾。或許正是因為如此，才讓許多人以為有錢人都使用長皮夾吧。

反觀存不了錢的人，**總是不太在意自己的錢包**。不是邊角有擦傷、表面髒髒的，就是裡面還放了發票、折扣券、集點卡、信用卡，整個錢包鼓得像「懶豬錢包」。

此外，這些人很喜歡將紙鈔折成兩折或三折再放進錢包，日幣一千元、五千元、一萬元這些紙鈔也全混在一起，紙鈔與紙鈔之間還挾著發票，要把紙鈔抽出來付錢時，發票還會掉出來。

這就是對錢包與金錢都不太重視的狀態。

「存不了錢的人」的錢包通常有下列現象。

- 錢包很鼓
- 紙鈔的方向亂七八糟，正反面亂放
- 紙鈔皺皺的
- 有很多張集點卡，但明明這些店只去過一次
- 有很多張信用卡
- 有一些多餘的垃圾，例如過了期限的折扣券
- 放了很多發票

如果你的錢包有上述其中一種現象，建議你對自己的錢包或是錢有興趣一

點。

如果我發現來諮詢的人，手上的錢包是「懶豬錢包」的話，我會建議他們買個新錢包，而且會建議他們「可以的話，買個小錢包」。

這是因為，小錢包的容量很有限。

第一步是先確認很佔空間的信用卡、現金卡、集點卡有幾張。

在選出真的需要帶在身上的集點卡之際，就能發現平常亂花錢的壞毛病，也能避免放一堆發票，就算會放發票，一、兩天就得清一次。

這時還能回顧自己買過什麼，如果覺得「好像有點花太多錢了……」隔天就會覺得自己應該「省一點比較好」。

換言之，買個新的小錢包，能更重視金錢。

如果能掌握金錢的去向，就會想要管好錢，也就離「存得了錢」這個目標更近一步。

總結07

## 錢包變小，就能慢慢存得了錢

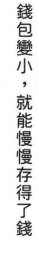

金錢整理術

08

# 行動支付時代用不到大錢包

「行動支付」已是一種日常。

雖然之前也有信用卡或電子錢包這類支付方式，但最近有不少利用「手機支付」的 App 陸續登場，例如 **PayPay 或是 Line Pay 就是其中一種**。

由於這些 App 非常方便，也不斷推出兌點回饋或是提升兌點率的活動，讓許多人願意嘗試以智慧型手機結帳，慢慢地便習慣這種結帳方式。

此外，**集點卡也陸續轉型為 App**。

比方說全聯超市的 PX Pay 或是其他藥妝、家電的集點卡都有對應的 App，而且能將過去集的點數存到 App 裡。

換言之，**現代已是有帶手機，就不用在錢包塞一堆信用卡或集點卡的消費環境**。

## 只要這麼做，就不用擔心莫名其妙花錢

我平常使用的錢包只放了日幣幾千元現金、簽帳金融卡、LINE Pay 信用卡、駕照，平常外出大概只用得到這些東西。

順帶一提，我的 LINE Pay 信用卡是能於國內外超商、超市使用的 JCB 白金卡。我的 LINE Pay 信用卡是預付卡，只會用多少，儲值多少，所以不用擔心會有莫名的額外支出。

除了現金之外，要使用哪張信用卡，又要搭配何種手機支付方式，全由你自己決定，但我不太建議為了優惠下載一堆信用卡支付 App。

因為一下這家店用 PayPal 結帳，一下那家店用 LINE Pay 結帳，之後在別處

又用〇〇 Pay 結帳，只會讓你搞不清楚自己到底付了多少錢。

行動支付方式雖然方便，**卻得調出每個 App 的「支出記錄」，才能掌握整體的支出，所以很不利於記帳**。

一旦使用很多種 App 結帳，換成小錢包，讓自己成為掌握收支的「存錢達人」這樣意義就不大。讓我們靈活運用常見的行動支付方式，以及整理我們的錢包。

總結 08

## 拜行動支付的付款方式之賜，錢包可以換成方便整理的小錢包

金錢整理術 09

# 金融卡片一張、行動支付的信用卡一張、一點現金就夠了

讓我們繼續探討小錢包的部分。

**行動支付與集點卡紛紛轉換成 App 的潮流，讓我的小錢包變得更苗條。**

我以前會把常去的書店、家電量販店、鄰近的藥妝店集點卡帶在身上。

但現在這些集點卡都已經轉換成 App，所以這些集點卡就可以跟錢包說拜拜了。轉換成 App 的好處在於不佔空間，還能自行集點。

留在錢包裡的卡片只剩簽帳金融卡、與行動支付綁定的信用卡以及現金幾千元日幣而已。

外出時，只要帶著手機就夠了。

每個人花錢都有自己的方式與理由，所以不一定每個人都適用這種在小錢包放一張簽帳金融卡、一張行動支付信用卡與少數現金的方法。

不過我敢斷言，放很多張信用卡、五張集點卡，以及為了不時之需，而放了日幣幾萬元現金的錢包，絕對不符合現代的潮流。

**重點在於根據現在的生活方式，重新檢視錢包的內容。**

比方說，我曾聽過一對前來尋求家庭財務諮詢服務的夫妻，重新檢視信用卡的故事。

兩人不管是單身還是結婚後，都非常喜歡出國旅行，也都選擇了方便累積哩程，以及能於國內外機場使用貴賓室的航空公司聯名金卡。

儘管兩個人的信用卡年費加起來超過日幣三萬元，但哩程累計比例較高，旅行平安險的賠償金額也很足夠，所以這對夫妻一直覺得這張信用卡很划算。

直到他們的小孩出生，旅行不再是悠哉地待在機場貴賓室後，他們便重新檢視手上的信用卡。

結果，他們將這張年費很高的信用卡，換成位於自家附近的大型量販免年費信用卡。

隨著生活型態的改變更換手上的信用卡。

發現不再需要為了原有的方便性支付年費後，就立刻換成免費的信用卡。

這對夫妻能在適當的時間點更換信用卡，可說是非常懂得如何整理自己的錢包。

## 明明錢包很整潔，手機的應用程式卻很雜亂

這與面對行動支付的趨勢是一樣的方法。

有許多服務都因應日本政府主導的行動支付付費方式。

日本經濟產業省的資料指出，日本行動支付付費方式的普及率較其他國家為低，相較於使用率高達90％的韓國與60％的中國，日本的行動支付普及率僅有20％。

日本政府為了在二〇二〇年之前讓普及率上升至40％，推出了紅利回饋與現金回饋這類活動。

**超過五十種以上的行動支付 App 陸續登場後，我們也進入了行動支付的過渡期，必須經過各種比較，才能從這些令人眼花繚亂的 App 之中，找出合用的 App。**

此時希望大家注意的是，別因「這麼划算，不用豈不是太可惜？！」就不假思索地試用各種 App。

好不容易把錢包整理得乾乾淨淨，卡片也只留下必要的，結果反而**智慧型手機安裝了一堆雜七雜八的行動支付 App，那豈不是本末倒置嗎？**

如果還因為紅利回饋或現金回饋買了一堆不需要的東西，那麼只會掉入目的化消費手段的陷阱。

別因為看似方便而使用，而是有需要才使用。

請秉持著這個概念，面對接下來的變化吧。

總結 09

**隨著生活圈的變化，找出最佳的結帳方式**

金錢整理術

10

# 不儲值就不能花費的 Line Pay Money

我推薦的行動支付方式為 Line Pay Money。

當然還有很多 App 能使用，但比起那些 JCB 聯名卡，我更常直接使用實體卡片。

**Line Pay Money 的最大特徵之一在於不儲值就無法使用。**

與信用卡綁定的電子錢包通常都有自動儲值功能，所以能無上限地使用，但 Line Pay Money 卻能自行設定花費上限。

有人問，這樣不是得自行儲值嗎？其實不然。只要綁定自己的銀行帳戶，儲值就變得很簡單，方便好用的程度大概介於簽帳金融卡與悠遊卡之間。

我家是讓 Line Pay Money 與記帳 App 綁定，所以能順便計算伙食費與日用品的雜費。

橫山家的伙食費與日用品雜費一週的上限為日幣二萬元，一週領現一次，藉此管理這些費用的用度。這部分也會在後續進一步說明。

我現在的做法是，將日幣五千元現金放進家用的錢包，剩下的日幣一萬五千元則用於 Line Pay Money 儲值。我老婆主要是以 Line Pay Money 支付食材費用或其他生活雜支，錢包裡的現金則是孩子們的花費。

所有的花費都以記帳 App 記錄，而且會連現金的支出都一併輸入，如此一來就能一眼看出每筆錢是於何時、何地、何物花用，**管理家庭財務也瞬間變得輕鬆異常**。

親身體驗的 Line Pay Money 優點如下。

・免年費

- 購物可享點數回饋
- 點數可折抵現金消費
- 使用時，會立刻透過 Line 聊天室通知
- 也可於網路商店使用
- 存款、消費記錄、餘額都可在 App 確認
- 可於外國使用（只要儲值就能以[1]日幣扣款，必須事前申請）
- 能與記帳 App 連動（例如 LINE 記帳雞）
- 以 QR Code 支付，最高可享 2％點數回饋。
- 匯款給 Line 的朋友不需要手續費，也不用告訴對方銀行帳戶
- Line Pay Money 可分攤付款

註 1：在台灣即以新台幣扣款。

之所以能用得很安心，是因為不管儲值還是消費，Line聊天室都會顯示「付款$〇〇」的訊息。

在百貨公司購物與結帳時，就算信用卡被拿到別的地方結帳，也會立刻傳來訊息通知，所以不怕被盜刷或是濫用。

## 沒有花到錢的感覺。潛藏於卡片自動儲值的陷阱

另外要注意的是，別為了方便，而使用綁定信用卡的電子錢包自動儲值功能。

## 不儲值就不能花費的 Line Pay Money

記得之前有位四十幾歲的B主婦來諮詢的時候，問我「使用行動支付的工具之後，家庭財務開始出現紅字該怎麼辦」。

與她細談之後發現，某個月她採買了大量高級食材之外，家裡明明只有她跟老公，一個月的伙食費居然高達日幣十三萬。**造成這種浪費習慣的元凶就是自動儲值功能**。

B主婦告訴我「不管怎麼花，自動儲值的額度都會自動提高，所以一不小心就花太多錢了」。即使餘額減少，就會自動以信用卡儲值，所以會讓人有種**沒花到錢的錯覺**。

自動儲值功能不能說是行動支付方式的缺點，但「方便好用」與「隨便亂用」是兩回事。自動儲值功能的確很方便，**卻讓我們少了「到目前為止，到底花了多少錢」的警覺性**。

此外，也很可能讓我們以為「手邊隨時有很多錢」。

這會讓我們記不得把錢花在哪裡以及花了多少，使我們養成亂花錢的習慣，而且在釐清消費明細之前，自動儲值功能就會幫我們先儲值，害我們買了一堆不需要的東西。

行動支付方式只是一種結帳工具，最終還是得從戶頭掏錢出來，儘管錢包可因此變得乾乾淨淨，但管理家庭財務的基本邏輯還是一樣的。

總結 10

## 隨時都有錢的感覺 要特別留意電子錢包的便利性！

金錢整理術
11

# 減少打開錢包的次數

有一種看似平凡無奇，卻能有效地減少支出的方法。

那就是**減少每天打開錢包的次數**。

我們之所以會拿出錢包，通常就是為了付錢。

請大家回想一下這週發生了哪些事情。昨天打開錢包幾次呢？三天前呢？一週前呢？大部分的人大概只能回答「到底打開幾次啊」、「想不起來」、「沒在注意」吧。

因此請大家試著從今天開始注意「打開錢包的次數」，看看一整天到底打開錢包幾次，應該會發現自己其實很常打開錢包吧。

・早上到公司之前，先繞去超商買個三明治跟咖啡日幣五百元

## 減少打開錢包的次數

- 在辦公室的自動販賣機買瓶裝茶日幣一百五十元
- 午休時，在公司附近的餐廳吃午餐日幣八百五十元
- 午餐結束後，去超商買杯咖啡日幣一百元
- 下午去客戶那邊跑業務之後，與後輩去咖啡廳討論日幣三百元
- 下班後，跟大學時代的朋友喝酒日幣三千五百元
- 從離家最近的車站下車後，繞去超商買宵夜日幣一千元

錢包總共打開7次。除了喝酒那次，大部分的金額都在千元以下。假設每次的平均消費為日幣五百元，打開7次就會花到日幣三千五佰元。順帶一提，這天還因為喝了酒，順便買了宵夜，所以總共花了日幣六千四百元。

## 每次的花費雖少，但常常打開錢包的人要特別注意打開錢包的次數

就算一整天都在家裡附近度過，也有可能因為網購的東西送來得付錢，或是為了晚餐去超市買食材，途中有可能順便繞去藥妝店，也有可能為了要喘口氣而買甜點慰勞自己，大家是不是常因為這些事情而打開錢包呢？

**打開錢包的次數越多，代表花的錢越多。**

尤其那些「以為自己很節儉，卻存不了錢」的人常有**每次花的金額不高，卻常常打開錢包的傾向。**

例如這些人很常說「咖啡的話，我都是在超商買一杯日幣一百元的」，卻會去隔壁的百元商店買一些配著咖啡吃的點心。這情況雖然不能用「積沙成

塔」形容，但是**每天打開錢包超過三次的話，無疑是亂花錢的警訊**。

請大家先注意「打開錢包的次數」，若發現自己每天打開錢包超過三次，還請盡量減少打開的次數。

**總結 11**

**設定「每天打開錢包的次數以三次為限」的規則，能減少亂花錢的風險**

金錢整理術

12

# 減少領錢的次數

## 減少領錢的次數

大家**每個月從銀行戶頭領幾次錢**？

要是一口氣領一大筆錢出來，恐怕會不自覺地花錢花得很闊綽。

話說回來，每次都領一點點，很有可能不知道自己到底花了多少錢，每次領也得花手續費與時間，不一定比較划算。

若是一週領一次，每次都領不會扣手續費的金額，應該就比較能掌握支出，也不需要一直領錢。

在星期一或星期二這類一週的前幾天，領出需要的錢應該比較能控制支出。

## 訂出每週領一次，每次都在星期一領的規則

在開始每週只領一次錢之前，先透過下面三個重點確認自己是否花錢花得很隨性。

- 領錢的頻率
- 領錢的金額
- 花錢的速度

大家都幾天領一次錢？

每次都領少錢？幾天就會花完呢？

請大家一邊回想，一邊寫下答案。

如此一來，**就能看出你花錢的模式**。每週花錢的情況應該不會都一樣才對。

例如跟朋友喝酒或參加歡送會，當週的支出就會增加，工作忙得只能往返於家裡與公司之間的那週，支出就會減少。

請把這些特殊情況也記下來，掌握金錢的出入情況。

此時若是設定每週只領一次，每次都在星期一領固定金額的錢，就能進一步掌握花錢的模式。只要找到花錢的模式，就比較有辦法減少多餘的支出。

- 第一步，先在星期一將一週的預算（例如：日幣一萬五千元）放入錢包
- 在下個星期一結算，接著再將一週的預算（例如：日幣一萬五千元）放入錢包

長此以往，就能具體觀察一週的支出情況。

假設每週都在星期一領錢，到了星期四卻發現「只剩日幣兩千元」的話，代表這週「花太多錢」。

也有可能會是「到了星期三還剩日幣一萬三千元！看來這週花錢花得很精明啊」的情況，慢慢地，就能**憑感覺掌握金錢的支出情況**。

只要花錢盡量不花超過一週的預算，就能減少瑣碎的開銷。

順帶一提，我家是在每週的星期一領固定的金額。

每週為了伙食與日用品領日幣兩萬元，日幣一萬五千元放在 Line Pay Money 裡，剩下的現金日幣五千元放進家庭財務錢包裡。

要領的金額可根據預算決定。
請大家務必試著實踐這個方法。

總結 12

**建立用到沒錢也不多領的規則來管理支出！**

金錢整理術

13

# 設定一週一次的「零元日」

## 設定一週一次的「零元日」

我都會建議來我這裡諮詢家庭財務的人「設定一週一次的零元日」。

對生活忙碌的現代人而言，**「花錢」是理所當然的事**。

在外面吃午餐得花錢，回家時繞去超商買東西也得花錢。

不過只要試著一天「完全不花錢」＝「零元」，就能輕而易舉地推翻上述的消費常識。

當我提出這項建議之後，許多來我這裡諮詢的人都會驚訝地說「意思是一整天不花半毛錢嗎？」「要是沒把錢包忘在家裡，怎麼可能不花半毛錢」，不過當他們實踐之後，往往會給我「原來真的可以不花半毛錢」、「感覺像在玩遊戲，很有趣」的回饋。

**・為了不花錢吃午餐，所以自己做便當**

・為了不在超商買咖啡，改在水壺裝熱咖啡
・為了不在交通多花錢，儘可能在定期票的服務範圍搭車，回家途中不隨便繞去店家……

在日常重覆這些行動，就能預先掌握有可能花錢的情況。

只要稍微花點心思，「一週一次零元日」就能實現。

**「零元日」不能使用現金買東西，當然也不能用信用卡或電子錢包結帳。**

重點在於設定一天完全不花錢的日子。

零元日的重點在於**刻意不花錢與控制支出**，而不是在回顧時發現「咦，我今天也沒花半毛錢」。

順帶一提，每個月自動扣款的房租、保險費、自來水費、瓦斯費、電費、電話費、網路費、每天的通勤費，都不算在「零元日」的支出。
總之就是以自己能決定的支出為限。

## 金錢與時間都多到滿出來！零元日有什麼驚人效果？

當「零元日」融入生活，可創造下列的效果。

- **變得更懂得計畫**

事先設定「不花錢的日子」意味著必須先規劃伙食費的支出方式，也必須規劃何時購買日用品，減少購物次數，才能減少亂花錢的機會，達到節儉的目的。

● **懂得自律**

「零元日」當然就是不能買東西的日子。可以去超商或一些店家逛逛，但不能打開錢包。

**這種左右為難的局面可培養我們的自律心**，降低衝動購物的風險，養成只買必需品的習慣。

● **多出時間**

「零元日」的附加效果就是不會在回家途中還繞去其他地方，這麼做**不僅可減少花錢的機會，還能多出可自由使用的時間**。

下午五點回家後，去外面慢跑。

看看預錄的影集或電影。

跟家人輕鬆地聊聊天。

讀書。

從事園藝。

零元日讓我們有機會度過如此有意義的時間。

「零元日」就是經濟方面的斷食日，請大家藉著這個機會，重新設定亂花錢的每一天吧。

總結 13

**零元日就是經濟方面的斷食日，也是重新檢視自己花費的大好機會。**

金錢整理術 14

# 存得了錢的人都用長皮夾

（錢包整理術）

就算買了新錢包，整頓了錢包的內容，**能不能維持整齊才是關鍵**。

只要注意錢包或金錢，時間一久，還是有可能會變成「小懶豬錢包」。

所以能存得了錢的人，每天都會做下列這些事，讓錢包保持整齊乾淨。

- 在每天的尾聲設定一個整理錢包的時間
- 紙鈔依照面額大小排列，正反面也對齊，順便了解錢包裡還有多少錢
- 放不進錢包的零錢就丟到存錢筒裡
- 整理錢包的時候，將發票拿出來
- 將發票存進載具，舊式發票可用票夾統一收納
- 每三個月檢查一次哪些信用卡、集點卡是必要的，哪些又是不必要的
- 讓三個月都沒用過的卡片從錢包「退場」

平常整理錢包，就能掌握花錢的規律，因為**錢包就是「管理每日花費的場所」**。

若無法妥善整理錢包，金錢就會不斷流失，怎麼也留不住。

在一天的尾聲整理紙鈔、零錢與拿出錢包裡的發票，重新想想一整天到底花了多少錢維持生活。

## 準備一個緊急支出錢包，以便不時之需

在我們的日常生活之中，有時還是會需要突然用錢的情況。

例如小孩突然說學校要繳某些費用，或是寵物的狀況怪怪的，需要帶去醫院花錢治療，或者要替家人買的東西貨到付款，都是突然需要支出的情況。

有時候，單憑小錢包裡的現金會付不了這些費用。

所以我建議大家準備一個**「緊急支出錢包」（次要錢包），以便不時之需**。

以橫山家的情況而言，是在一個平常不用的大錢包放入家庭財務的儲備金（大約日幣幾萬元），然後將這個錢包收在客廳的抽屜裡。

儲備金的額度可依照突發的支出額度調整。預先準備緊急支出的錢包，就不用在平常使用的小錢包放入多餘的錢。

這種利用「**小錢包**」與「**緊急支出錢包**」管理支出的錢包管理術不管是單身、小家庭或是大家庭都適用，當錢包發揮應有的功能，現金流就會變得有規律。請大家從今晚開始，試著整理自己的錢包吧。

總結 14

**養成在一天的尾聲整理錢包的習慣！**

**讓現金流變得有規律**

第三章

# 一年存下日幣一百萬元！「存錢筆記本」的使用方法

換成小錢包之後，接著要開始使用「存錢筆記本」！光是寫下金錢的流向，亂花錢的頻率就會明顯減少，也能真的存下錢！接著為大家介紹適用於行動支付時代的「家庭財務簿」的使用方法！

金錢整理術

15

# 橫山流——記錄金錢流向的習慣

**不知道是從什麼時候開始，只要錢包裡面沒錢，我就會覺得不安。**

「咦？錢包裡的日幣一萬元花到哪裡去了？」只要腦子裡存著這個疑問，不管是在工作，還是跟家人聊天，腦袋裡的某個角落總是會一直回想「到底是花到哪裡去？」整個人也變得很煩悶。

為了避免自己陷入這種狀態，**這十幾年來，我都會記下金錢的「用途」與「額度」**。例如，我都會記成下列的內容。

- 計程車費／日幣三千元
- 喝酒 1／日幣五千元
- 喝酒 2／日幣一萬元
- 去超商買東西／日幣一千元

就是**在萬用手冊記一些零用錢的花費**。日幣一百元以下的單位就捨棄不記。比起金額正確，我更在意紙鈔花到哪裡去，所以將重點放在「更具體的記錄」上。

## 錢花到哪裡去了……？想不起來讓人覺得很煩

比起花費的金額對不起來，或是帳目上有幾百元的誤差，不知道錢花到哪裡去更讓我覺得煩燥。最適合我的「具體記錄」就是手寫記錄。

我使用的是百元商店的三本一組的迷你筆記本。每次結帳之後，我都會隨手將花費記在這種迷你筆記本裡。

「你剛剛明明還醉得很，現在怎麼一臉正經地在寫東西啊？」我旁邊的人看到我這樣，都覺得很不可思議，但不管多醉，還是有辦法記錄花費的。

記錄這些花費能**讓我了解金錢的去向，才不會覺得煩悶**。

與其隔天早上打開錢包一看，「咦，錢花到哪裡去了？」，然後覺得很悶，我寧可當場記錄花費，就算會被別人覺得「你怎麼又在寫了」，我也要做個總結，讓自己有個「ＯＫ，記錄完畢」的感覺。

我其實蠻喜歡去喝酒的，這跟財務規劃師給人的印象或許不太一樣，不過就算喝酒得花錢，我也不會覺得後悔，反倒是不知道錢花到哪裡去，才讓我真的後悔，所以我都會記錄金錢的去向。

這只是我個人的習慣，不怎麼推薦大家使用這個方法，但記錄支出，的確是掌握金錢流向的方法。

第三章將為大家介紹如何「具體記錄」家庭財務的方法。

總結 15

**當場記錄花多少錢。**
**釐清金錢的去向，心情也跟著清爽！**

金錢整理術 16

# 知道一個月花多少錢嗎？

## 你平常有在記帳嗎？

最能「具體掌握」支出與分配金錢使用比例的方法就是家庭財務簿。聽到家庭財務簿，或許有人會嘆氣的說「說到底還是使用家庭財務簿啊…我有用過，但寫了放棄、放棄了又寫很多次」。

我也很贊成「用家庭財務簿記帳很麻煩」這個意見。

伙食費、服飾費、電信費這些項目太多之外，有些家庭財務簿甚至有一元的欄位，能每天鉅細靡遺地記帳的人，應該是特別堅毅不拔的人吧。

但容我重申一次，因為行動支付的習慣而多出許多莫名支出的人，應該要先「具體掌握」支出，找出**哪些是必要的支出，哪些是不必要的支出**。

要找出這些支出，最好用的就是家庭財務簿。家庭財務簿能發揮「管好家庭財務就能管好金錢」這種絕佳的效果。

比方說，我會問來諮詢的人「你一個月都花多少錢？你知道嗎？」

大部分的人都會回答「應該是沒花到不夠吧，每個月大概是花月收入的八成或九成吧」。

最近來諮詢的C先生告訴我，他的月收入有日幣25萬元，然後又跟我說「房租加生活雜支大概是日幣20萬元吧，可是我的存款卻很難增加」。

他覺得自己的收入應該還涵蓋得了支出，卻又歪著頭碎念「聽你這麼說，我手邊還真是沒存什麼錢啊」。

實際觀察C先生一整年的儲蓄金額變化，就會發現儲蓄的金額沒有減少，但也沒有增加。

若問C先生的家庭財務到底有什麼毛病，其實就是第一章提到的「**隱形赤字狀態**」，也就是實際的情況跟本人想的不一樣，每個月的支出都超過收入，赤字的部分再以獎金填補。

仔細觀察才會發現，獎金都用來填補之前的支出，所以不管過多久，存款都不會增加。

## 一般的家庭財務簿無法應付。先試著只記一個欄位

像C先生這種家庭財務有隱形赤字的情況並不罕見，要想重振這種家庭財

務，一般的家庭財務簿可能派不上用場。

因為一般的家庭財務簿的項目太多，很難持之以恆地寫下去。假設你也很不喜歡利用家庭財務簿記帳，建議透過下列三個步驟，讓支出變得更透明。

**・第一步：在浮動費用之中，挑一個項目，並且記錄一整週的明細。**
**・第二步：保留一個月份的發票，掌握單月的支出。**
**・第三步：以「現金」、「電子錢包」、「信用卡」這類支出方式分類支出。**

第一個步驟是從錢包每天支出的浮動費用之中挑一個項目出來，記錄一整週的支出明細。一如我在百元商店買的迷你筆記本記帳一樣，先挑出一個「想記錄」的項目，接著記錄在這個項目支出的金額。

至於要挑哪個項目，可以選擇自己覺得亂花錢的部分。

如果覺得自己很常外食，可以選擇伙食費記錄，如果很常在手機遊戲課金或是買一些喜歡的小東西，可選擇休閒娛樂費記錄，若很常去喝酒，可選擇交際應酬費記錄。

先將記錄的範圍縮小至一個項目，再記錄一整週的支出。

順帶一提，如果實在想不到該記錄哪個項目，可試著記錄最容易造成浪費的「伙食費」。

最理想的流程是在買完東西、吃完外食、看到發票的時候立刻記帳，但也可以在一天的尾聲記錄想得起來的部分。

持續記帳記一週，就能正確掌握自覺「浪費」的項目支出額度，支出額度也會變得「透明化」。

希望大家能在第一步體驗**「開始記錄，就能找出問題」**這件事。存不了錢的人往往無法立刻回答「每個月花多少行動電話月租費？」「自來水費」「為什麼月初花了比較多錢」這些問題。

因為他們總是不知道在何時、何地、花了多少錢。一旦以為**「反正開銷總是能打平」就不去多想家庭財務的問題，這些問題就不會浮上檯面**。

要突破這種檯面下其實問題多多的狀況，就要讓某個項目的費用「透明化」。

總之，先動手再說。打掃房間也是同一個道理，**只要先把一個角落掃乾淨，就會覺得其他地方很髒**，所以只要從一個項目開始觀察，就會想知道其他項目的支出狀況。

行有餘力的話，次週可換成其他的項目記錄。

實踐第一個步驟可培養掌握家庭財務的觀察力。

## 用記帳APP記帳不就好了？可是有人不習慣使用

讀到這裡，可能有人會覺得，那用「記帳App」記帳不就好了？說不定已經有人早就下載使用了。

智慧型手機的記帳App有的需要付費，有的是免費的，這些App的功能也每天都在進化，例如可自動記錄帳戶的收支，或是利用相機拍攝發票，就能記錄消費。

而且隨身攜帶的智慧型手機的確能隨時記帳。

不過我覺得**能充份利用記帳 App 記帳的只有記帳達人**。這類 App 的功能的確方便，但是在能正確掌握支出之前，或準備從頭培養觀察支出的能力時，記帳 App 並非最佳利器。

這是因為大部分的記帳 App 都是以記錄每月的預算或瑣碎的收支項目作為開發前提，換言之，這類 App 的目標是「**完美的記帳**」，對初學者來說，記帳或許還在能力範圍之內，卻很難回顧收支記錄。

但是針對單一項目記錄一整週的變化，對初學者來說反而比較容易回頭檢視收支概況。

總結 16

## 要改善「隱形赤字」，手寫的家庭財務簿是最佳利器！

正因為簡單，所以才「透明」。如果您曾經用記帳 App 記帳記到一半就放棄，或是打算利用家庭財務簿記帳，都很建議您從採用紙本的方式記帳開始。

金錢整理術 17

# 到底平常花多少錢？
# 掌握支出頻繁的「浮動費用」吧！

第二步是「掌握單月的支出」。這個步驟的挑戰是讓一個月之內，**從錢包支出的金錢變得「透明化」**。要遵守的規則有下列四項。

- 只要有消費，就一定要發票或收據（沒有的話，要手寫記錄）
- 在一天的尾聲或隔天早上從錢包拿出發票整理
- 可以的話，每天記錄支出一次，不然就是一週選一個固定時間記錄
- 一週加總一次所有發票的金額，算出總支出

持續上述四個步驟四週，就能釐清當月從錢包支出的金額（例如伙食費、雜費、交通費這類浮動費用）。

這部分與傳統的家庭財務簿不同，**不需要依照項目記錄瑣碎的支出，只需要加總發票上的金額**，算是比較輕鬆的步驟。

・超商日幣九百七十二元
・藥妝店日幣一千二百四十元
・定食屋日幣八百五十元

選個周末的晚上，「噠噠噠」按幾下計算機加總這些金額吧！

## 固定支出不記錄，只記錄每天的浮動費用。

利用一般的家庭財務簿記帳時，通常得將支出的金額分別記入不同的項目，而這通常就是放棄記帳的原因，我個人也曾因為這樣中途放棄過。

舉例來說，雖然不是消費稅的減稅制度，但將伙食費分成外食費與食材費記錄，真的會讓人很不想記帳。

因此這裡要建議大家，把注意力放在發票的金額加總，不要管伙食費、雜費、應酬費、交通費這些細項的支出。

若是「喝酒的分攤費用為日幣三千元」這類沒有發票的支出，建議大家當場記帳。一週算一次總帳，並且加總一個月分的發票金額，就能掌握一個月的支出總額。

要注意的是，這裡的支出總額不包含定期從帳戶扣款的房租、水費、電費、瓦斯費與電信費（手機或網路），也不包含保險費、教育費這類家用固定支出。

假設一個月從錢包支出的金額佔收入的七成、八成，就絕對是花太多錢了，若再加上固定費用的支出，那當然會入不敷出。會因行動支付這種方式變成月光族，就是因為上述的這些浮動費用。請大家務必掌握這些浮動費用的支出。

**總結 17**

**會因行動支付變成月光族，通常是因為無法掌握浮動費用！一起記錄吧！**

金錢整理術
18

# 「現金支付」、「電子錢包支付」、「信用卡支付」分成這三種方式支付

連第二個步驟都能完成之後，應該已經養成「記錄」支出的習慣了。

下一個要挑戰的是將每天的支出整理成「現金支付」、「電子錢包支付」、「信用卡支付」這三個項目。

這麼做的目的在於讓那些**藏在行動支付裡的支出變得「透明化」**。

隨著行動支付在這一兩年普及，支出變得「很瑣碎」的人似乎也增加不少，我在提供家庭財務諮詢服務的時候，深深感受到這個趨勢。

D先生是位三十幾歲單身的上班族，很常參加 PayPal 或 LINEPay 的**現金回饋活動或點數加倍活動**。

尤其在 PayPal 為了慶祝開通而舉辦大規模全額現金回饋時，D先生趁機買了全自動掃地機器人、家庭麵包機，其金額接近家電現金回饋上限的日幣25

萬元。

到最後雖然無法享受全額現金回饋，卻也得到許多點數，所以D先生就此習慣以行動支付的方式結帳。

但是當工作獎金發下來，他從戶頭領錢之後才發現，餘額比他預期地少很多。

剛進帳的工作獎金加上每個月花剩下的薪水，「不該只剩這樣啊！」他發現餘額比他預估地少了日幣五十萬左右。

急忙調查原因之後才發現，**太常以行動支付的方式結帳，讓他的存款一點一滴被侵蝕掉。**

# 三種行動支付方式，你最常用哪一種？

在櫃台拿出智慧型手機或卡片，靠近結帳的終端裝置就能結帳的行動支付方式，目前主要分成三大類。

- 預付方式（先付款再享受）
- 後付方式（先享受後付款）
- 簽帳方式（即時付款、即時享受）

簡單來說，這三者的差異在於何時支付，只要了解這三者在支付上的特徵，就能用得划算又聰明。接著讓我們看看這三者在支付上的特徵吧。

### • 預付方式（先付款再享受）

這就是**「先儲值再使用」的方式**。這種方式可輕易地設定消費金額上限，是一種方便管理支出的行動支付方式。

LINE Pay Money、街口支付或台灣 Pay 都是能以信用卡儲值的行動支付方式，而「悠遊卡」或「一卡通」這類「電子錢包」也都被歸類為預付型的結帳方式。

### • 後付方式（先享受後付款）

最具代表性的莫過於信用卡。用信用卡結帳後，大約會在一個月或兩個月才結算，所以屬於「後付方式」。與信用卡連動的 LINE Pay 或街口支付也都屬於後付型的結帳方式。

此外，「電子錢包」的「自動儲值」也算是後付方式。自動儲值功能會在電子錢包的餘額不足時，自動從銀行戶頭或信用卡儲值，所以要避免不小心花太多錢。

**• 簽帳方式（即時付款、即時享受）**

這是從銀行戶頭「直接扣款」的支付方式，最具代表性的就是簽帳金融卡，與簽帳金融卡綁定的電子錢包就屬於這種類型。

這三種都是很方便的支付方式。若手邊沒有零錢，也能利用這類支付方式搭乘捷運與計程車，當然也能買東西或在餐廳用餐。

不過就算是電子錢包，也有很多種支付方式，例如剛剛的簽帳方式、預付方式與後付方式，所以要釐清支出的明細就會變得很不容易，**一旦對這類支付方式的便利性上癮，就很有可能會變得「不知道到底花多少錢的狀態」**，所以建立一套屬於自己的消費使用規則是非常重要的。

不過我要強調一點，一如我在之前的章節推薦 LINE Pay Money 一樣，我沒有否定行動支付的意義，只要希望大家更重視使用方法以及使用這些工具的心態。

有越來越多前所未有的支付方式出現，結帳方式也越來越多元，所以我們越來越少從錢包掏錢，相對的，花錢的痛感也越來越淡。此時能幫助我們管帳的方法就是以前述的三種支付方式分類每天的支出。

為此，本書準備了適用的「家庭財務簿」，記帳方式將於下一節說明。

## 總結 18

## 分別記錄「現金」、「電子錢包」、「信用卡」的花費！

金錢整理術
19

# 實踐！
# 嘗試「依照支出類別記帳」一個月

直到前一節之前，本書都強調，我們有很多種結帳方式可以選擇。

用現金結帳？還是用信用卡結帳？或者是拿出智慧型手機，用行動支付的方式結帳？**大部分的人應該都是「現金支付」、「電子錢包支付」、「信用卡支付」三者併行**，不會只選其中一種吧？

所以才會越來越無法掌握用現金花了多少錢，也很難釐清日後才請款的信用卡花了多少錢。

但是「反正付得起，有什麼關係」的想法無法解決問題，所以我才會提出很多人到了月底才發現家庭財務是赤字的，換言之，有家庭財務潛藏赤字的人越來越多。

所以要先從各種支付方式下手，掌握每個月到底花多少錢，再根據結果防堵漏洞。

我準備的道具是在購物時，能於「現金支付」、「電子錢包支付」、「信用卡支付」這三個項目記帳的家庭財務簿（參考148頁）。

## 簡單記錄各種支付方式的支出

記帳的方式很簡單。

在每天的尾聲將當天支出的金額分別記入「現金支付」、「電子錢包支付」、「信用卡支出」這些項目即可。

至於金額方面，記得的就正確地記錄，不記得的就寫個大概的數字就好。比起錙銖計較，每天記帳並且持續一週甚至一個月才是更重要的事。

我們不是會計事務所也不是銀行，所以記帳也不是為了要記錄每個支出的細項，也不是為了讓收支的數字對得上。

比起記錄每個細項的支出，更重要的是持續記錄，直到了解自己的收支狀況。

順帶一提，我在小本的筆記本寫下「超商：日幣九百元」的時候，如果是以「信用卡支付」或「電子錢包支付」，我會順手用括號將用途與金額括起來，如信用卡支付，我會在旁邊加個圈圈，如果是電子錢包支付，則會在旁邊加註「電子」。

記帳方法會在下一頁的家庭財務簿說明，請大家參考自「金錢整理術18」之後的內容。記錄可幫助我們看出支出的傾向，也能看出我們亂花錢的部分，之後只要堵上這個漏洞，存款就不會流失，所以這本筆記本不只是家庭財務簿，還是一本讓我們透過記錄，留住金錢的筆記本。

**總結 19**

**與其說是家庭財務簿，不如說是透過記錄幫我們存錢的超實用筆記本！**

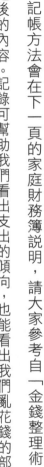

一開始先試著記錄一整天的支出，記錄時，請試著記錄在什麼東西支出，支出了多少，又是使用何種結帳方式，如此一來就能看出你的消費習慣，也應該能連帶找出亂花錢的原因。

依據這張表格內容，試著持續記帳一個月！

＊幣別：日幣

| ／（五） | ／（六） | ／（日） | 合計金額 |
|---|---|---|---|
| | | | |
| | | | |
| | | | |

**❸ 先試著持續記帳一週！**

一開始有可能會忘記記帳，不過沒關係，記得的時候再記帳即可。如果能記滿一週的帳，接著請試著記錄一整個月。

**第一週的合計金額**

**填寫三種結帳方式的加總金額**

元

試著比較！

**上個月第一週的合計金額**

元

# 記錄浮動費用

（○月第 1 週）

| | ／（一） | ／（二） | ／（三） | ／（四） |
|---|---|---|---|---|
| 現金支付 | ・自動販賣機 140 元<br>・書店 1500 元<br>・聚餐 3500 元 | ・自動販賣機 250 元 | | |
| 電子錢包支付 | ・超商 1200 元<br>・藥妝店 1800 元 | ・超商 950 元<br>・Uniqlo 4500 元 | | |
| 信用卡支付 | ・亞馬遜 2500 元<br>・計程車 1600 元<br>・電影票 1800 元<br>・亞馬遜 1100 元 | ・亞馬遜 1100 元 | | |

記帳方式

**❶ 觀察錢都花在什麼地方**

目標是將上面的表格填滿！第一步要做的是，在消費的時候，注意自己是以現金、信用卡還是電子錢包的方式結帳。

**❷ 當場或是就寢前記帳**

可以的話，最好在結帳之後寫下支付方式與金額，或是先留住發票，等到睡覺前再填入上方的表格。請選擇能持之以恆的方式。

首先在左下角的圖記錄一週內的消費金額與支付方式。

在右頁記載消費時有哪些發現，又做了哪些改善。接著根據這些發現與改善設定下個月的儲蓄目標額，試著先從達到這個目標額開始。

**◎ 觀察自己的消費情況後，有什麼發現？**

例） 最近信用卡用得比較多。因為很方便，所以就用得比較隨意。

**◎ 為了省錢，做了哪些改變？**

例） 設定不帶信用卡出門的日子。停止自動儲值功。能

**◎ 下個月的儲蓄目標**

例） 一整個月的消費金額壓在日幣五萬元之內，存日幣五萬元。

從今天開始記錄吧！

# 試著回顧一整個月的支出！

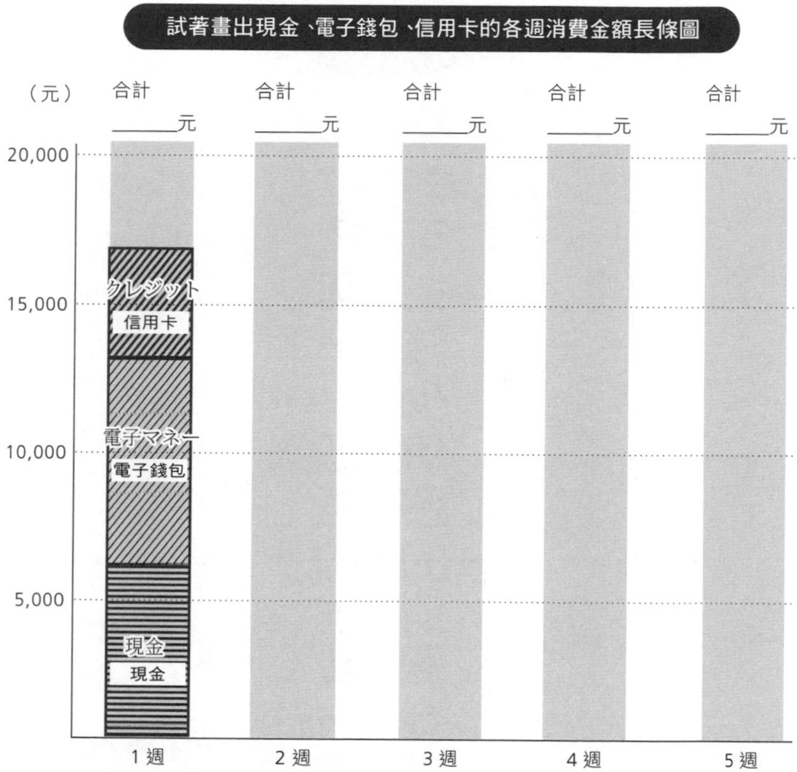


一整個月的合計金額

元

* 請在左側的空位填入一個月的合計金額。以每月能有餘額的家庭而言，浮動費用平均佔每月收入的35%，固定費用約佔45%，剩下的20%大概是可以存下來的部分。請參考這個比例，控制支出。

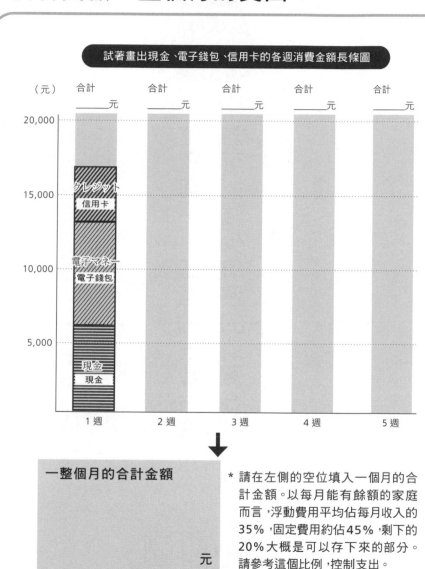

金錢整理術

20

# 確認第一～五週的消費方式！

# 盡可能減少每週的消費金額浮動

請大家務必實踐前一節介紹的方法，使用依照支出項目記帳的家庭財務簿（存錢筆記本）。

容我重申一次，請先將整週的「現金支付」、「電子錢包支付」、「信用卡支付」的金額分別填入各自的欄位。

要注意的是，這部分的支出總額不包含從銀行戶頭，或信用卡自動扣款的基本開銷費用，例如房租、自來水費、瓦斯費、電費、電信費、保險費、教育費，都不在計算之內。

記完第一週的帳之後，接著記第二週、第三週、第四週、第五週的帳。

然後將**「現金支付」**、**「電子錢包支付」**、**「信用卡支付」**的比例畫成長條圖，請記得將這三種支付方式畫成不同的顏色。

有些人會覺得現金支付的比例太高，有些人則覺得自己太常使用信用卡，所以會覺得支出比想像還多。

每個人對於記帳結果的想法都不同，**但應該都能更具體地掌握自己目前的「消費傾向」**。

若有這些心得，請在長條圖右側的註解欄位寫下「節約的心得」、「使用行動支付的心得」這類與每月消費習慣有關的感想。

接著在註解欄位留下下週或下個月的改善事項或目標。

・從下個月開始，希望每週的支出能壓在○○○元之內
・這個月太常使用信用卡以及電子錢包結帳，希望下個月能有只用現金結帳的一週

・太常去超商，希望下個月設定一週不走進超商的日子

替下個月訂出這類改善事項或目標。

## 發薪日之後用太多現金？發薪日之前都用電子錢包結帳？

此外，畫滿一個月的長條圖之後，請確認一下每一週的消費方式有沒有明顯的浮動。

只要有來諮詢，大部分的人都會在記帳的第一週特別節儉，所以第一週的

支出通常會比較少。

不過到了後半段的第三週、第四週，長條圖的長條就會自動拉長。

這跟減肥、復胖的循環一樣，過度節儉必定會出現過猶不及的問題。

有些人則會因為第二週、第三週花太多錢，所以在第四週特別節儉，以便達成目標。

有些人則是因為手上的現金變少後，便改以信用卡支付。

不管消費傾向是哪種類型，163頁的**長條圖都會明確地告訴你，這一個月的開銷以及偏重於何種支付方式**。

如果看得出某週花比較多錢，那下個月就該花點心思，將錢牢牢綁在褲頭。

具體的建議像是減少打開錢包的次數，或是讓行動支付的次數降至一天三次之內。

也可以試著**增設一天前面介紹過的「零元日」**，都能達到不錯的效果。

記帳記到第二個月之後，可試著與前一個月的支出金額比較。

由於第二個月會比第一個月更在意「花錢的方式」，所以更期待支出的金額減少。

反之，若無明顯的大筆支出，消費金額卻增加，或是沒什麼增減，就需要進一步觀察自己的消費習慣。

可以的話，不要只記帳記一個月或兩個月，而是持續記帳半年甚或一年。

因為只要持續記帳可讓支出更為透明，也能找出需要改善的部分。

總結 20

# 記帳可一眼找出你在金錢上的漏洞

金錢整理術 21

# 現金、電子錢包、信用卡，用哪種方式支付比較划算？

大家應該已經透過記帳了解自己的結帳習慣了吧？

接著要請大家一併確認的是，「現金支付」、「電子錢包支付」、「信用卡支付」，哪種支付方式比較「划算」。

現金支付雖然有方便掌握現金流的優點，卻沒有信用卡或電子錢包那些紅利回饋或現金回饋的優惠。

就這層意義來說，**較常使用現金結帳的人算是有點小吃虧**。

我曾在之前的著作介紹簽帳金融卡，我自己也很愛使用這類卡片，所以被說是堅決否定信用卡的現金派。

但這絕對不是事實。

近年網路購物越來越發達，所以不使用信用卡結帳，反而會遇到許多麻煩。

此外，從「划不划算」這點來看，我也覺得明明消費金額相同，但信用卡支付能累積紅利，用現金支付卻拿不到這個優惠。

**信用卡支付的最大優點在於能累積紅利**。

累積的紅利可以換商品或贈品，有些卡片還能利用紅利買東西。

所以就「消費金額相同」這個條件而言，**利用信用卡結帳會比較「划算」**。

尤其在各家公司舉辦紅利積點活動時積極使用信用卡支付，更是有助於平衡家庭財務的收支。

再者，有些信用卡能在支付國外旅行的交通費、住宿費的時候，順便加保海外旅行險，所以很推薦在這種情況下使用信用卡支付。

現在大部分的信用卡都會自動加保海外旅行險，但要使用這種保險，還是在於是否以信用卡支付旅費。

如果不知道這個條件，只以現金支付旅費，就得另外花錢、花時間購買旅行險。

## 用信用卡支付賺到優惠的例子

此外，下一節說明的「固定支出」也能利用信用卡支付與賺到優惠。

保險費算是頗具代表性的固定支出，而這種**需定期支付一大筆費用的情況，使用有紅利回饋的信用卡支付最為「划算」**。

最近連房貸都可以透過信用卡支付，請大家務必向不動產公司問看看。

有時候使用信用卡支付還能打折。

雖然各家電力公司的優惠不同，但是都有電費或瓦斯費的折扣。

或許大家不太知道，**用信用卡預先[1]躉繳國民年金也有折扣**。

折扣也會隨著早鳥期間而不同，例如一年前預先躉繳，大概能扣除一個月份的年金費用，而且還能累積等比例的紅利。

註1：躉繳，指的是一次繳清，日本國民年金可用信用卡付款，並一次繳清一年費用。

這裡有一點需要特別注意的是，以信用卡付款時，千萬不要「分期付款」。

就現行的主流而言，大部分的信用卡都是在下個月或下下個月扣繳。

但如果選擇分期扣繳，信用卡費就會分攤至每個月，繳款壓力也會比較輕，但分期付款的利率通常很高。

假設以分期扣繳的方式支付日幣**一百萬元**的信用卡費，利息若是15%，一年就會多出日幣**十五萬**元的利息。

如果將每期扣繳金額設定為日幣**二萬元**，其中的日幣一萬二千五百元會全部拿來還利息，本金只還了日幣七千五百元。

換言之，一旦選擇分期付款，不管怎麼還，本金都很難減少，這就是信用卡公司靠利息賺錢的機制。

另一點要特別注意的是以「紅利積點2%」為宣傳文案的「分期扣繳專用信用卡」。

對信用卡公司來說，就算提供高於平常一倍的紅利點數，只要消費者願意分期付款，信用卡公司還是能賺進大把鈔票。

所以才會以優惠的紅利回饋為誘餌，等待那些只看到眼前短利的人上鉤。

身上背著分期扣繳壓力的人，往往也抱著存不了錢的煩惱。

如果你現在也有分期扣繳的壓力，建議你立刻改成一次繳清。

## 電子錢包雖然方便，但在綁定信用卡的時候，有些事情要注意

使用「電子錢包」的優點在於「錢包不會塞一堆零錢」、「能更快結帳」、「可賺到點數，點數還能用來購物」。

這裡要請大家留心的是，別為了賺點數而購買不需要的商品，也不用使用太多種電子錢包，以免支出變得零碎，無法了解自己到底花了多少錢。

建議大家只使用一種或兩種「電子錢包」，綁定的信用卡也只限於一張或兩張。

不管是現金支付、信用卡支付還是電子錢包支付，記帳的邏輯都是一樣的。

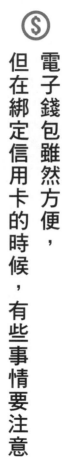

行動支付的方式一定會越來越普及，希望大家能早點熟悉這類支付的記帳方式。

讓我們一起摸索適合你的記帳方式吧。

總結 21

**依照生活型態選出理想的支付方式！**

金錢整理術 22

# 「固定支出」還能更省！固定支出與浮動支出最理想的比例是？

## 金錢整理術 22
# 「固定支出」還能更省！固定支出與浮動支出最理想的比例是？

能存得了錢的家庭，都會想辦法節省「固定支出」。

這裡說的「固定支出」是指每個月的定額支出，例如房貸、房租、保險費、電信費、教育費、零用錢、養寵物的費用、車貸，每個月扣款的手機App、第四台費用、定期購買的隱形眼鏡……等，都屬於每個月的固定支出。

若能重新檢視這些生活所需，看似司空見慣的支出，就能省下一大筆錢，而且固定支出與每個月有所增減的浮動支出不同，**只要調整過一次，就能一勞永逸，省下多餘的支出**，所以每當有客戶來諮詢，我都會希望客戶調整固定支出。

要釐清固定支出的第一步，是**讓「每個月的定額支出」變得「更透明」**。請大家先寫出屬於固定支出的項目與金額，確認一下內容。

寫出各項目與金額之後，接著模擬一下可行的狀況。說是模擬，其實這個模擬很簡單，就只是自問自答而已。

・「現在的保險費很高，如果重新檢視保單，能不能少繳一點？」
・「要少付一點電信費的話，是否該換成比較平價的費率呢？」
・「如果賣掉家裡的汽車，改用共享汽車服務的話，會不會比較省呢？」

如果自覺上述的問題都不是問題的自信，那就不需要調整固定支出。

反之，若覺得「還有改善的空間」，那就立刻採取行動吧，例如可以試著調整電信方案、解除保單，總之朝減少支出的方向努力吧。接著為大家介紹改善固定支出的方法。

# 保險費、電信費、電費、瓦斯費……該怎麼做才能省一點？

**•【現在的「保單內容」符合生活需求嗎？】**

你是否真的了解保單的內容？

保險有時候會是「**不良固定支出**」。其實來諮詢的客戶有很多都有保費過高的問題，甚至有人一個月的保費超過日幣十萬元。

我不是說保險很多餘，但有些人會保重複的項目或是購買效果不彰的儲蓄型保險，而這些都是值得重新檢視的部分，更何況有些人根本沒買到符合歲數的必需保障。

**根據年齡與家庭成員的增減重新檢視保單內容，可減少固定支出，為每個月的收支留點空間**，還能買到足夠的保險，讓生活過得沒有後顧之憂。

## ●【利用平價[1] SIM 卡降低月租費】

我常建議客戶改用平價 SIM 卡減少固定支出。

雖然只有通話量較少的人適合使用平價 SIM 卡，但其實近來增加了許多划算的方案，讓我們多了不少選擇。

雖然有不少電視廣告都在介紹平價 SIM 卡，智慧型手機也似乎越來越普及，但是當我在演講時問現場約一百名的來賓「想換成平價 SIM 卡的人」舉手，卻只有五、六個人舉手，看來想換成平價 SIM 卡的人沒想像中的多。

話說回來，**平價 SIM 卡比大型電信商提供的正規 SIM 便宜非常多**，所以能大幅減少固定支出。

平價 SIM 卡的種類非常多，大家不要只是根據封包量挑選，還要看看是否附贈通話費與簡訊費，還是只能上網，再決定 SIM 卡的種類。

我家是八個人都使用平價 SIM 卡，所以**每個月的月租費加起來差不多日幣一萬出頭**。

順帶一提，我的方案是一張日幣二千元的語音 SIM 卡，加上老婆跟念小學的女兒、兒子，總共是一張語音 SIM、兩張數據通訊（上網）專用 SIM 卡，總金額大概是日幣二千五百元。

長女與二女兒則各是日幣一千八百元的語音 SIM 卡，三女兒與四女兒則是各一張數據通訊（上網）專用 SIM 卡，兩個人加起來大概是日幣二千元左右。

大人有時需要打電話，所以有語音通話的需求，但小孩通常只使用 LINE、Twitter、Instagram，就算需要打電話，也可以使用 LINE 的免費語音通話解決，所以**不能語音通話的「數據通訊（上網）專用 SIM 卡」就夠用了**。

---

註 1：日本手機通話可購買 SIM 卡並儲值使用

### •【將私家車換成共享汽車】

共享汽車是只要註冊會員就能輕鬆使用的服務。

透過網路預約時間，就能使用停在附近停車場的汽車。至於使用時間的單位，每家公司都不同，有的訂在十分鐘，有的訂為十五分鐘，但費用差不多都是**十分鐘**日幣兩百元、**十五分鐘**日幣三百元的行情，算是非常親民的價格。

共享汽車的好處在於共享汽車服務公司會幫忙買車險，加油與保養，有些公司雖然會收取會費或月費，但還是比私家車的各類費用來得低。**最大的優點在於用多少付多少**，所以能輕鬆地使用這類服務。

**缺點就是必須要有空車才能使用**。雖然共享汽車的數量年年上升，但每逢連假、暑假、年底大購物這類時期，想租用的人就會大幅增加，所以也很難預約得到。

但如果能將私家車換成共享汽車，固定支出裡的「汽車相關費用」就能大幅減少。

除了可省下車貸、油錢、車險、維修保養費，如果是在東京，**還能省下每個月日幣幾萬元的停車費**。

- **【換電力公司與瓦斯公司】**

**隨著電力、瓦斯開放民營後，消費者也能與費用較划算的公司簽約**。透過電話或網路申請換約之後，剩下的只剩一些書面資料的處理。請大家善用模擬網站，找出符合自己使用現狀的公司吧，這麼一來，每個月的電費或瓦斯費也能多省個幾百元。

## 存得了錢的家庭的固定支出不會超過月收入的4～5成

在此也稍微介紹一下浮動費用該怎麼節省。

讓我們依照第三章介紹的三個步驟**找出明顯浪費的部分，努力節省浮動費用的支出吧**。

以服裝費這類每個月不是那麼常支出的浮動費用為例，可先設定「想買，也先想2、3天，冷靜一下再決定」的規則，就能控制這方面的支出。

反之，伙食費、日用品雜支這些費用都比較算是每日的支出，所以可利用第二章的方法建立一週的預算，輕鬆管理這部分的支出。

在一週固定的某一天，將一週的預算放進錢包，然後在下週的同一天清空錢包，然後再放入一週的預算。

如果在下週的同一天之前就花到沒錢，只能預支下週的預算。此時要記得從下週的預算扣除預支的金額。

這麼做可掌握每週支出的節奏，一旦不小心花太多錢，也能立刻提醒自己踩煞車。

固定費用與浮動費用都是家庭財務的一部分，與月收入之間也存在著所謂的最佳比例。

我的客戶之中有些是能存得了錢的家庭，而將這家庭的收支記錄做成表格後，會發現其中有九成以上的人，固定費用只佔月收入的40～50％。

至於浮動費用方面，其中有八成多的人只佔每月收入的30～40%。

換言之，固定費用與浮動費用加總後，頂多佔月收入70～90%，能存下來的部分有10～30%。

反過來說，只要儲蓄的部分能超過月收入的10 %以上，就算是優質的收支。

若進一步量化這些資料，每個月都有盈餘，也能存得了錢的家庭應該是處於「固定費用：浮動費用：儲蓄＝45：35：20」的狀態。

反觀那些每個月收支都不平衡的家庭，固定費用的比例通常高達65%，浮動費用也高達45%，兩者加總之後超過 100%，怎麼有辦法儲蓄呢。

每個家庭的支出往往會倒向固定費用或浮動費用其中一邊，但固定費用的比例特別容易增加。

每個家庭的固定費用與浮動費用的比例都是不同的，但如果想存錢，不妨根據前述的比例確認一下自家的浮動費用與固定費用，試著改善支出的比例。

總結 22

**能存下薪水10%以上就很厲害！以「存下20%的錢」為目標，釐清收支狀況吧！**

## 專欄2：「存得了錢的家庭財務」

### 讓家庭收支透明化，就能有盈餘！掌握消費習慣，每個月成功減少日幣十三萬元的支出！

想立刻為準備小學畢業的孩子存教育費，也想存退休基金。

抱著上述想法來找我諮詢的是40歲的K小姐，她的老公小她2歲，是名科技公司的上班族，月薪有日幣三十萬元，她自己則是打工，兩個人加起來的總收入為日幣三十八萬元。

不過，她們家每個月的收支都很緊張。雖然老公的工作獎金讓一整年的收支看起來是有盈餘的，但她們才剛貸款買房子，存款也只有日幣一百萬元左右，一想到小孩接下來要考高中、大學，就覺得非得多存點錢不可。

就在這時候，她對斷捨離與極簡主義的概念很有共鳴，所以一邊讓自己的

生活變得更簡單，一邊過著節儉與儲蓄的生活。可惜的是，雖然她做了很多努力，卻沒感受到什麼具體的成果，也不覺得自己真能存錢，所以才來我這裡尋求幫助。

我聽了K小姐的家庭財務狀況之後，發現她沒有記帳的習慣。

所以她等於是在不了解自己的收支明細，就有勇無謀地挑戰節省伙食費、電費與瓦斯費的生活。

想減少支出的想法固然是好的，但得先了解自己都把錢花在哪裡，才能找出存不了錢的原因。

我請她「保留一個月份的發票，藉此了解一整個月的支出狀況」。

## 寫下所有必要的支出之後，才發現有些支出是多餘的

個性嚴謹的K小姐保留了每一張發票，於是在一個月後，便了解了自己的支出全貌。

了解支出全貌後，我在下一次的諮詢請她「回顧支出」，也就是請她想想花這些錢的意義。

當她開始這麼做，便能以客觀的數字檢視收支狀況，也能找到一些「好像有點多餘」的支出。

「沒想到伙食費與日常用品花了這麼多（高達日幣9萬元）！」

「明明是因為耳根子軟才買的保險，花日幣兩萬五千元會不會太多了啊？」

「老公跟我的手機費、家裡的網路費加起來有日幣兩萬五千元，要是能在這裡省一點，應該不錯吧？」

在開始記錄，收支變得「透明」之後，才發現那些「以為必要」的支出有很多都是多餘的。

當K小姐明白哪邊可以省，哪邊可以保持原狀後，便一步步改善了原本的收支狀況。

在伙食費方面，她先檢視冰箱裡面有沒有放到過期，不得不丟掉的食材，也告誡自己不管是買熟食還是食材，都必須「徹底用完」。保險也重新簽約，只留下必要的部分。電信費則換成便宜的方案，大幅減少這部分的支出。

除了上述的改善之外，加上其他一些較瑣碎的部分，每個月居然多節省了日幣十三萬元！原本每個月得花快要日幣三十八萬元才勉強打平的家庭財務，現在居然縮減至日幣二十五萬元之譜。

由於一下子節省了很多錢，為了避免因此亂花錢，K小姐與老公的零用錢都重新設定為日幣二萬元。

這筆預算的目的在於若是厭煩了這種節約生活，可拿這筆錢替自己減壓一下。

最終，K小姐的零用錢從來沒花完過，每月支出再也沒有暴增，也一步步存下需要的錢。

第四章

# 從今天開始！為了存錢，培養整理雜物的習慣

讀到這裡的你已經懂得重視收支的平衡，對於存錢這件事也是鬥志滿滿了吧。最後的第四章要介紹如何維持這股鬥志，如此一來，你真的能搖身一變，成為「存得了錢的人」！

金錢整理術

23

# 重視自己的價值觀

## 重視自己的價值觀

接受採訪時，常被問到：「橫山先生的家人這麼多，手機費應該很嚇人吧？」

我每次都略顯自豪地回答：「**我們家有八支手機，但每個月的手機費不超過日幣一萬一千元！**」。

箇中細節雖然已在第三章介紹，但能把費用壓得這麼低，全在於選用平價的 SIM 卡。

或許是因為相較於一般人，**我沒那麼重視手機吧**。

若與大型電信商簽約，每個月的手機費應該會多到日幣五、六萬元，但是將必需要性、方便性與價格放到天秤上秤一秤之後，我還是不假思索地選擇了「平價 SIM 卡」。

當然，這個選擇對你來說，不一定是「最佳選擇」。

有些人習慣瀏覽大量的影片，所以很在意網路速度。

有些人則少不了由網路供應商提供的電子郵件信箱。

有些人很常打電話。

有些人的家裡或職場沒有 Wi-Fi。

每個人的使用方式以及對智慧型手機的看法都不一樣，但與大型電信商簽約的人有很大一部分只是沿用過去的電信方案，沒有進一步檢討是否要換成新的方案。

其實有不少人在重新檢視自己與家人的手機方案之後才發現，「其實改用平價的 SIM 卡也還過得去吧」。

## 重視自己的價值觀

**「有效運用好不容易賺到的錢」是我這個人的中心思想**，所以一個月花日幣五、六萬在手機上不符合這個中心思想。

因此才得出「平價 SIM 就夠用」這個結論。

其實這不過是眾多例子之中的一個。

我真正希望大家思考的是，在你的眾多支出之中，有沒有哪些是你莫名保守，不願花大錢的部分，或者是有沒有你覺得沒什麼的部分，以及周遭的人都這樣花錢，所以你也跟著如此消費的部分。

## 讓「今天都把錢花在刀口上」的日子越來越多

我們身邊充斥著許多商品、服務，也都有對應的價格。

例如走進連鎖咖啡廳花日幣二百元，可享受一杯熱咖啡，但在櫃台點完餐之後，得自行將飲料拿到座位，喝完之後，還得把杯子拿到自助回收區。

但在高級飯店的酒廊點咖啡，就得要價日幣一千元以上，但這裡除了有親切的服務人員提供優質服務，座位之間的距離也隔得很遠，能輕鬆地在這裡享受一段不被打擾的時光。

**若只考慮價格，在連鎖咖啡店喝咖啡絕對比較划算**，但在高級飯店喝咖啡的人也不一定就很浪費或是存不了錢。

## 重視自己的價值觀

重視自己的價值觀，妥善運用金錢的人，會在「今天有很多預定事項，趁著空檔的時間回一下信」的時候選擇在連鎖咖啡廳消費，也會在「今天要跟重要的人好好聊天」的時候選擇在高級飯店的酒廊喝咖啡。

**只要能短時間內做完該做的事，並且進行下一項工作的話，在連鎖咖啡廳消費的日幣二百元就很有價值，如果能跟重要的人聯絡感情，在高級飯店消費的日幣一千元也很划算。**

換言之，服務的價值不是由價格決定。

重點在於**讓每一次的消費都「花在刀口上」**。隨著時代改變，對金錢的價值觀也會跟著改變。

比方說，我小時候是日本的高度經濟成長期，這段期間的特徵就是物質生活非常富裕。

那是每個人稍微努力一點，都能貸款購買私家車、房子的時代，不過現在非得擁有一台車或一間房子的人卻越來越少。

雖然店面還是陳列著許多商品，但現在的消費者已懂得分享，不會隨便購買商品。一旦手上的商品用到不能再用，就會在二手網站賣掉，換一點現金回來。

**倘若您真心想成為存得了錢的人，就務必將錢花在刀口上，也要重新檢視那些「習以為常」的消費習慣。**

買保險、貸款買房子、買車子，您是不是覺得這些消費都很理所當然呢？或許之前曾有一段這樣的時代，但此時此刻，我們必須重新檢視這些「理所當然」的消費是否符合現代的價值觀。

總結 23

## 檢視那些「理所當然」的消費是否真有價值

不要被價格迷惑，不要「因為便宜就買」，也不要「因為太貴而放棄」，請在消費之後，反省一下「**剛剛這筆錢花得是否值得**」，長此以往，就能建立屬於自己的消費準則。

有沒有消費準側，將是能不能存得了錢的分水嶺。

金錢整理術

24

# 建立存錢的節奏

## 建立存錢的節奏

要成為「存得了錢的人」，必須建立「存錢的節奏」。

不知道大家是否聽過「**人力資本**」與「**金融資本**」這類字眼？

人力資本是指你將來能賺多少錢的能力。簡單來說，年輕人比較有可能長期健康地工作，所以擁有較多的人力資本。

反之，金融資本則是指**從收入轉換而來的金融資產（存款或金融商品）**。除了繼承一大筆遺產或其他特殊情況，大部分的年輕人都沒有金融資產，所以年輕人可靠著人力資產彌補這部分。

不過，人力資本會隨著年齡慢慢消耗，到了五十歲、六十歲就會越來越少，此時越來越重要的便是金融資本。換言之，**如何在人力資本仍然充沛時，多存一點，多衍生一點金融資本**才是重點，而且這件事沒有你想的那麼難。

因為只要從年輕的時候開始為自己打造一個「存得了錢的家庭財務」，時間自然而然會助你一臂之力。

只要在人力資本豐沛的二十幾歲、三十幾歲與四十幾歲早一步開始計畫，金融資產自然就會像滾雪球般，越來越豐厚。

請記住「**讓時間助你一臂之力**」這句話。這是存錢的規律之一，也是為自己建立資產之際，最為加分的元素。

## 容易存錢與不容易存錢的時期

「退休需要日幣二千萬」這個問題逼很多人不得不開始想像，現實得不能再現實的未來。

現在已是被譽為人生一百歲也不稀奇的時代，但**統計資料告訴我們，在一百歲左右的人之中，只有兩成能活得很健康**。

許多人不是正在接受某些治療，就是需要有看護跟著，錢都花在醫療上面，

但是領取老人年金的年齡限制卻不斷往後延，我們這些五十歲以前的人，都得等到六十五歲才能開始請領。

而且我們都知道，光領年金是不足以支應生活的。

一如「螞蟻與蚱蜢」這個童話故事的告誡，在知道年金不足以支付生活的時候，就要養成儲蓄的習慣。**為了彌補人力資本的損耗而早一步累積金融資本**，是讓漫長的人生過得充足幸福所不可或缺的習慣。

那麼每個月到底該存多少錢才夠呢？**我建議大家將每個月收入的六分之一當成儲蓄**。

舉例來說，你每個月能賺**日幣二十五萬**的話，就存**日幣四萬**元當存款。如果能持之以恆，三年後大概能存到年收的一半，差不多是**日幣一百四十四萬**。

要注意的是，這個數值充其量是個參考值，如果目前是二十幾歲、三十幾歲單身的人，而且還住在家裡的話，那應該將儲蓄的目標拉高至月收的二成或三成，假設已經結婚或有小孩，需要替孩子付學費的話，能存到一成就已經很不錯了。

## 建立存錢的節奏

就「存錢的節奏」而言，人生有特別「能存得了錢的時期」。

・單身時代
・結婚後，生小孩之前
・孩子獨立之後

這三段時期是最能存得了錢的時候。反之，也有很難存錢的時期。

・小孩剛出生的時候
・小孩念高中、大學，需要付學費的時候
・突然生病、受傷、失業，沒辦法賺錢的時候

這時候不妨告訴自己「既然這樣，就別太勉強吧」，存下至少能存下的錢

就好。

能存得了錢的人往往**會在薪水匯入戶頭時，就先提撥一筆錢存起來，這就是所謂的「優先儲蓄」**，這也是最有效率與最基本的存錢規律。

而在優先儲蓄之中，最有效率的是「公司內部儲蓄」或是將預扣的薪水直接存入薪資帳戶的方法。如果不想存在公司，**可找一間能在發薪水當天，自動幫忙定期定額儲蓄的銀行幫忙**。

如果覺得臨櫃辦理很麻煩，不妨改用二十四小時營業的網路銀行。這類網路銀行提供每月最低日幣一千元的定期定額儲蓄，利息也比臨櫃辦理稍微高一點。

此外，有些銀行提供從其他銀行轉帳的定期定額儲蓄服務，所以就算薪資帳戶與儲蓄帳戶分屬不同的銀行，也能輕鬆執行「優先儲蓄」這種儲蓄方式。覺得轉帳很麻煩的人，不妨試用這種方便的系統。

唯一要注意的是，想要成功執行「優先儲蓄」，就得要求自己以預扣之後的薪水打平收支，所以在開始「優先儲蓄」之前，必須先檢視自己到目前為止的收支明細。

建立儲蓄的節奏時，最重要的就是依照你的生活型態與家庭狀況持續存錢，一步一腳印地為未來做好準備。

總結 24

**在存得了錢的時期多存一點，在存不了錢的時候順勢而為**

金錢整理術

25

# 力求記帳精簡化

## 力求記帳精簡化

在為多位客戶提供家庭財務諮詢服務之後，我發現所得越高的家庭存款越少，而且這種印象越來越深刻，即使全家的年收入超過日幣一千萬，存款低於日幣一百萬的例子也比比皆是。

**存款會如此不足的理由很簡單，就是沒把錢花在刀口上。**

第一章也曾提過，正因為這些人很會賺錢，所以不太在意把錢花在哪裡，他們為了健康會多花點錢買好食材，為了讓孩子得到最好的教育而一擲千金，會為了全家住在一起而貸款買房子……。

上述這些事情對人生都很重要，但這些支出累積起來，會讓**家庭財務變得虛胖**。

那麼這些存不了錢的人就疏於記帳嗎？其實並不然。

其中也有男主人利用 Excel 積極管帳的例子，印象中，越來越多人使用智慧型手機的 App 記帳。

但**如此積極管帳卻出現反效果**的例子也不少。最常見的就是將每個月的收支與獎金記在同一張試算表裡，所以就算每個月的收支都出現紅字，還是能利用獎金補足漏洞，所以一整年下來還是會有盈餘，他們也莫名滿足於「其實收入還夠」的假象。

此外，**所得高的家庭也不太在意借錢這回事**。這當然也是不容小覷的問題。最常見的情況就是為了買房子勉強貸款，每個月為了還貸款苦哈哈，偶爾也會看到請銀行拉高信用卡的額度，或是買東西的時候選擇分期付款的例子。

雖然支出早已失控，但只是因為賺得比較多，所以在能健康賺錢的時候，潛藏在家庭財務的問題還不會浮上檯面。

## 為了照顧家人或發生意外時，就是問題浮出檯面的時候。

可是一旦發生重大的生涯危機，或是工作有一些變動時，這類家庭財務就會立刻出現紅字。

舉例來說，原本一起賺錢的老婆請產假，或是夫妻其中一方為了照顧父母親而離職，抑或突然被裁員。

這些意外都會讓家戶總收入減少，此時就算賺得比一般家庭來得多，但支出也較尋常家庭來得多，所以各種潛藏的問題也會一口氣爆發出來。

雖然這種家庭財務還有機會改善，卻是難如登天，所以要**在這些問題爆發之前，盡可能讓收支「透明化」，也必須檢視消費習慣，讓家庭財務精簡化**。

善於儲蓄的人會在消費的時候，不經意地思考「這筆支出是否需要」，**他們的消費準則不是「便不便宜」，而是「需不需要」**。

這類人還有另一種能力，**那就是以長遠的眼光看待每一筆支出**。即使準備貸款，他們的想法也不會是「一個月還日幣五千元比較容易」，而是會想得更遠，以「一個月還日幣五千元，五年就得換日幣三十萬，得算得更仔細一點」評估貸款。

只要像這樣**一步步減少浪費估支出的比例**，家庭財務自然就會變得精簡，如果你的支出裡，有25%是多餘的部分，務必試著降低10%，降至15%的比例吧。

這10％的金額會隨著每個人的收入而增減，但**月收入日幣二十五萬的人可多存日幣兩萬五千元，月收日幣五十萬的人可多存日幣五萬元**。

若持續一年，**月收日幣二十五萬的人可減少日幣七萬五千元～三十萬的支出**，而月收日幣五十萬的人，甚至是這數字的一倍。

假設只能降至5％，一年也能省下日幣十五～三十萬。持續讓家庭財務瘦身，將嘗到豐碩甜美的成果。

只可惜那些看不起這一點一滴努力的人，根本沒機會了解這箇中的差異有多麼明顯，他們讀了這一節的內容後，只會自以為是地說「理論上是這樣啦」、「能減少固定支出的確不錯耶」、「所以成語說有志者事竟成嘛」，說得好像自己什麼都懂，卻不願意實驗看看，當然也不會有任何收獲。

但是，只有實際付出行動的人才能明白「有試有機會，有做有改變」這個道理，所以能存得了錢的人，才能一直存錢。

適當的壓力能讓人更懂得存錢，我覺得這跟每天重訓，肌力會逐漸增強是同一個道理。

總結 25

## 每個月節省一點點，長期下來將大有不同

金錢整理術
26

# 打開錢包，每天計算手上的錢

第二章介紹過，在一天的尾聲整理錢包的方法。

我每天也會數一數錢包裡有多少錢，把紙鈔頭尾對齊，把零錢丟進存錢筒，也把錢包裡的發票拿出來。

這麼做能讓我知道**「現在還有多少錢」與「錢都花到哪裡去」，心情也會變得輕鬆愉悅**。

如果不立刻整理，就會忘記花了哪些錢，所以我才在花錢之後立刻記帳，並在一天的尾聲整理錢包，藉此對一對帳目是否正確。

所以每當我被問到「你現在有多少現金」，我總是能立刻答出正確金額。

雖然有時會因為這種好像很愛錢的樣子感到不好意思，但我認為**這是一種提升金錢管理能力的好習慣**。

## 打開錢包，每天計算手上的錢

比方說，當「退休需要日幣二千萬」這個話題突然爆紅時，有許多媒體問我「真的需要日幣二千萬嗎？真的要準備這麼多嗎？」但更令我驚訝的是，「怎麼現在才這麼大驚小怪呢？」

儘管各派說法的具體數字不同，但為了退休生活儲蓄是必要的，而我們這些從事金融業的財務規劃師也早就知道，單靠老人年金是無法支應生活的。

**明明退休金準備不足已是攤在陽光下的事實，但遲遲不面對才是真正的問題**。而且有些人在聽到一連串的報導後便急著投資，結果手上的現金反而不夠。

為了未來鋪路固然重要，但最重要的是「掌握現況」，這裡說的「現況」則是觀察與掌握自己的收支現狀。

## 因為擔心未來，而飢不擇食地進行高風險的投資

掌握收支現狀的第一步就是**每天計算手上的錢，以及讓支出「透明化」**。

想存錢卻存不了錢的人，常常忽略了「現狀」，這樣的人很在意未來的資產不足，而病急亂投醫，盲目地進行高風險的投資。

「人無遠慮必有近憂」這句話是對的，但好高騖遠是無法達成目標的。

建議大家先準備七個半月的收入，應付每個月的生活費以及不時之需的支出。

如果行有餘力，則可準備教育費或購買汽車的資金，為自己奠定退休生活的基礎。如果忽略這個步驟，也不每天確認錢包裡有多少錢，只一味地為了

還沒來到的未來煩惱，那真的是本末倒置。
千里之行始於足下，讓我們一步步建立能存得了錢的收支模式。

總結 26

**從能夠立刻開始的事情開始，**
**對於未來的不安就會慢慢減少**

金錢整理術

27

# 可以「浪費」，要從零用錢這類現金支付

## 可以「浪費」，要從零用錢這類現金支付

聖經上說：「人活著，不是單靠食物」（馬太福音第四章第1～4節）。

這句話的意思是，追求物質上的滿足，不會讓我們感到幸福，我也一直認為這句話完全能套用在金錢的運用上。

長期提供收支諮詢服務，就會遇到節儉至近乎苛刻，只為了存下一分一毫的人。老實說，這樣的人已經徹底管理收支，沒有什麼可建議的地方了。

但是每當我看到這種省到像是勒緊自己脖子的家庭財務簿，我都不禁懷疑**「存款的數字是增加了，但他真的覺得幸福嗎？」「假設沒辦法再這麼節約時，會不會出現報復性的消費呢？」**。

存得了錢卻沒辦法過著充實的每一天，也覺得未來沒有希望的話，那現在的生活只是灰濛濛的一片。

會不會太過節儉了？當我有這種想法時，我都會想辦法讓一家大小了解零用錢有多麼重要。

這時候不管是老公、老婆還是小孩，每個人都有能自由花用的零用錢。假設一點自由都沒有就很難一直這麼節儉。

當我告訴他們這個道理後，他們曾問我「要想節儉的話，應該不需要設定零用錢這個項目吧」，其實這是大錯特錯，因為**越是要節儉，就越需要設定零用錢這個項目**。

## 零用錢的比例大約是家戶收入的7～10％才妥當

如果覺得「可自由花用的錢＝浪費」，那麼從一開始設定「零用錢」這個項目就能避免無止盡的浪費。

一旦設定零用錢可以自由花用，就不用在意這筆錢怎麼花，此時在精神上會比較輕鬆，也能進一步管理收支。

只有一點要注意，那就是得慎重決定零用錢的額度。如果零用錢的額度高到會影響收支平衡，那就毫無意義。那金額該多少才適當呢？

根據我整理諮詢資料的結果，發現零用錢佔家戶**總收入的7％～10％**最為妥當。

此外還另外設定一條「零用錢需自行管理，不夠用不能再要」的規則。

就這點而言，**零用錢必須是現金，如果是行動支付的形式，就很可能會在零用錢不夠的時候忍不住多用。**

正因為是能想用就用的錢，所以反而能控制浪費，也等於能存得了錢。

**總結 27**

**「沒有零用錢」會有反效果。**
**允許浪費也很重要。**
**唯獨零用錢不能是行動支付的形式。**

金錢整理術
28

# 整理房間，自然就能存得了錢

第一章曾**提到存不了錢的人都有「房間很凌亂」的問題**。有些人或許會覺得，房間很亂不是個人的問題嗎？跟存錢有什麼關係？

不過**整理房間是「找出需要與多餘之物的作業」**。有無整理房間的習慣，對於支出的想法也不一樣。

有位家庭主婦D小姐來諮詢的時候，曾告訴我「她明明很節儉，卻存不了什麼錢」。

我請她將家裡的模樣拍成照片後，發現客廳與廚房儲物櫃都堆滿了雜物，看不出到底有哪些東西，孩子的房間也堆了許多紙箱與雜物。

我告訴她這麼亂的話，得花點時間才能找到需要的東西。D小姐也不太做家事，每天都是等半夜下班回家的老公洗碗。

## 依照需要、不需要分類，就能大幅減少浪費

即使家裡亂成一團，D小姐的老公還是將家庭財務交給她管理，而且只花自己設定的零用錢，所以一直覺得家裡是有些存款的。

但實情是，D小姐的帳目都是虧損，所以家裡半點存款都沒有。存不了錢的原因在於從凌亂的房間衍生而來的浮動費用。

**為了幫助她重振家庭財務，我建議她先整理整理家裡。**

舉例來說，D小姐家裡有很多從別人接手的衣服，可是紙箱也塞了很多衣服，但D小姐還是會在需要衣服的時候，添購新衣服或二手衣服，換言之，不知道家裡有哪些衣服的D小姐總是**一直重覆買不需要的衣服**。

我請她把小孩子所有的衣服拿出來，並且**分成需要與不需要的兩堆之後**，她發現有很多衣服還能穿，每個月也就不用再白花錢買衣服。要用的、不要用的、需要的、不需要的，如此分類雜物是整理房間的基本常識。

同樣的，我也請她**整理廚房儲物櫃**。先依照種類、用途分類食品，再將用得到的食品收進儲物櫃的隔間，會超出隔間的食物不是立刻用完，就是不假思索地報廢。

另外還設定一個**購買新食材時，食材一定要能收進儲物櫃隔間的規則**。如此一來，就不會多買不需要的食材。

這套規則能於室內各種收納應用。光是整理房間，指定收納的位置以及戒掉「便宜就可買」的壞習慣，D小姐的家庭財務就有所改善，由此可知，整理與存錢可說是互為表裡的兩件事。

總結
28

不收拾房間的人就會常常購買多餘的東西。
在開始存錢之前，先整理房間吧

金錢整理術
29

# 利用「家庭財務錢包」與「奢侈錢包」管理家庭財務

第二章曾介紹換成「小錢包」的存錢術。

不過有時候也會覺得只有一個小錢包不夠用吧。

這時候不妨試著**利用「副錢包」管理家庭財務**。

家庭財務錢包是用來**支付伙食費、日常用品的錢包**。

一如前述，這個錢包是用來保管一週一次的定額生活費，我家的習慣是在每週的星期一儲值日幣兩萬元（日幣一萬五千元存入電子錢包日幣，日幣五千元放進錢包）。在每週同一個時間儲值相同的金額，就能掌握每天的花費。

此外，我家還在家庭財務錢包放入**預備金**日幣兩萬元與保險卡，因為我家的孩子比較多，所以偶爾會遇到需要臨時支付醫藥費的情況。

我家還有另一個**副錢包，這個錢包的定位是「奢侈錢包」**。

如果一直拼命節儉，難免會彈性疲乏，感到壓力，所以偶爾需要奢侈一下，買買之前想買卻一直沒買的東西。

因此，每個人都有自己的零用錢。不過如果全家一起去購物中心，偶爾還是會想「之前都只吃超市的冰淇淋，今天要不要大家一起吃好一點的 Baskin Robbins 31冰淇淋呢？」或是「上個月跟這個月都很節儉，所以今天就在美食街買一些美食當晚餐吧！」這樣犒賞自己吧。

雖說是奢侈，但只是讓自己稍微減壓的金額。簡單來說，奢侈錢包裡的錢，就是**全家能一起隨便花的零用錢**。

## 全家一起管理兩個錢包是非常重要的一件事

奢侈錢包的財源是每週從日幣兩萬元生活費節省下的錢。我家對於家庭財務錢包與奢侈錢包設定了三個規則。

・不從家庭財務錢包支出準備「奢侈一下」的錢。
・反之，不從奢侈錢包支出生活費。
・這兩個錢包由大人與小孩，全家一起管理。

大部分的家庭不是由老婆就是由老公獨自管理家庭財務，但全家一起管理這兩種錢包，能讓全家都有參與感。

奢侈錢包還有一個重點，那就是不使用信用卡或電子錢包，貫徹只以現金支付的規則。理由當然也是避免無止盡地花用。

**總結29**

**生活費用由家庭財務錢包支付，奢侈費則由奢侈錢包支付**

金錢整理術 30

# 別看到「免費」就失去理智

免手續費、免運費、免費體驗、免費諮詢，市面上有許多「免費」的服務，但**存不了錢的人常以為「免費等於賺到了」**。大部分的免費服務都藏有陷阱，不小心掉進去就會亂花錢。

以網路購物的免運費為例。大家有沒有因為「再湊一千元就能免運費」就多買東西的經驗呢？**這種「順便買」的壞習慣就是造成浪費的原因**。

此外，Spotify、hulu、Netflix 這些訂閱服務都設有免費體驗期間。

大家是否也有過參加「一個月電影免費看到飽」的方案，卻忘了免費期間何時結束的經驗呢？結果就被不知不覺地扣款，卻也不怎麼收看。其實這種情況可說是屢見不鮮。

由於會員費是每個月支出的固定費用，所以絕對得需要才訂閱，千萬別被免費體驗的宣傳迷惑。

## 「免費諮詢」是出自親切？背後的考量是？

您是否在街角或賣場看過一些寫著「重新檢視保單」、「免費諮詢」的招牌？

表面上看起來是讓保險專業諮詢師免費幫你診斷保單，提供量身打造的保險建議，實質上是一種宣傳。

如果這一切是真的，那真的是「超級棒的服務」，但這世上哪有白吃的午餐呢。

保險公司會在**免費諮詢的過程中促銷商品，並從交易的過程賺取手續費**。

沒有這點常識就走進保險公司問「有沒有划算的保險？」這豈不是羊入虎口嗎？

其實靜下心來想想就知道，沒有任何生意的服務是免費的。正因為後院有一套準備賺你錢的機制，門口才會免費開放。

**這道理同樣可套用在投資上**。銀行或證券公司偶爾會舉辦免費投資講座，親切地講解股票投資與基金投資，但其實他們打的算盤是「要賣你能賺你錢的商品」。

基金投資在這方面的傾向尤其顯著，因為投信公司扮演的是建立基金的角色，而負責銷售基金的是銀行或證券公司。

對他們來說，**既然要賣金融商品，當然要賣手續費較高的金融商品**。免費講座不過是為了賣這類金融商品的佈局，想存錢的人，千萬要告誡自己，別看到「免費」就撲上去。

總結 30

免費的最貴！免費服務是誘人踏入付費陷阱的佈局

金錢整理術
31

# 若會在金錢上吃虧，
# 就反省跌倒的原因

## 若曾在金錢上吃虧，就反省跌倒的原因

您是否曾因金錢問題失敗過？

一路走來，其實我在金錢上犯過不少錯誤。

記得大學時代的我很迷柏青哥，過著每兩三天就將打工賺來的錢全部丟進柏青哥機台的生活，直到成為家庭財務重生顧問，也曾被欠債壓得喘不過氣。

不過我**打從心底「感謝」這些在年輕時代犯下的錯誤**，因為這些失敗讓我懂得反省「我到底在幹嘛啊？」也不會再不分青紅皂白地責怪別人的過錯或否定別人的失敗。

當我為客戶提供家庭財務重生的諮詢服務時，我總是會想起自己曾經犯的錯，提醒自己「人就是會不小心犯錯」，所以我沒辦法空談理論，也沒辦法責怪客戶為什麼讓家庭財務出現紅字。

「就不小心花掉了」

「我不知道獎金花到哪裡，總之就是花光了」

「可是我以為我很省耶」

不管客戶說了什麼，我的心裡都會浮現「我很懂你的心情」這句話。

所以才能一起思考，接下來該怎麼面對與改善。禁不起誘惑而亂花錢的時候，**最該做的事就是有沒有「反省」**。

**每個人都會失敗**，但是只要能在失敗之後思考「該怎麼面對這個失敗」就沒問題了。

## 就算收入沒增加，也能增加存款

我在成為家庭財務重生顧問，獨立創業之前，是在司法代書事務所服務。在那裡，我曾多次見到宛如連續劇般的場面。

「從多家金融業者借了日幣三百萬的信用貸款」，前來諮詢的客戶一臉鐵青地說出自己的問題後，一聽到「可透過債務整合與協商清償申請打消債務」之後，原本緊繃的表情也跟著放鬆。

而且當他聽到「可拿回協商清償的日幣一百萬」時，原本垂頭喪氣，說話氣若游絲的人突然恢復生氣，連忙問我們「什麼時候可以拿錢呢？」

人的態度就是會因為有沒有錢而像這樣改變。在我接觸多位背著多重債務的客戶之後，我實在無法說出「貧窮也是美好的經驗」這句話。

可以的話，我想盡可能幫助更多人擺脫家庭財務的赤字，尤其多位客戶來找我諮詢家庭財務的問題後，我更是有這樣的想法。

但現實的問題是，就算努力工作，收入也沒那麼容易增加，能在此時派上用場的就是本書介紹的方法，也就是**讓支出「透明化」，讓家庭財務得以重建的技巧**。

大部分的人之所以會收支不平衡，往往是沒有察覺一些可以避開的浪費，**只要學會節省的技巧，就算收入沒增加，也能改變家庭財務**。

其實我看過很多年收僅日幣二百萬、三百萬的家庭一邊養小孩，還能一邊存錢的例子。

會煩惱收支不平衡的人，往往會以「就覺得想買」、「好像有需要」的目的或動機花錢，這跟收入高低無關，這類人都有這類的毛病。隨著行動支付普及，若坐視這些毛病不管，遲早會越陷越深。若能察覺這類毛病，花點時間反省自己的消費習慣，就能讓收支越來越平衡。

請大家實踐本書介紹的**依項目記帳的家庭財務簿與換成小錢包**的這些技巧，讓支出更透明，也改善自己的消費習慣。

效果應該是立竿見影的，由衷希望大家能實踐看看。

總結 31

**在習慣行動支付方式之前，先改善消費習慣**

# 結語

當日本消費稅從8％漲成10％，有越來越多人使用行動支付的方式消費，不管是信用卡、簽帳卡、電子錢包還是掃 QR Code 碼支付，應該有不少人因為對政府大力推動的紅利回饋活動而開始使用行動支付吧。

你都怎麼使用行動支付呢？

「在超商使用有2％折扣，所以越來越常用」

「看到有5％回饋就買了遲遲無法下手的商品」

「開始使用之後，覺得在櫃檯拿出錢包很『麻煩』」

「回過神來發現自己花太多錢，所以嚇得改回現金支付」

「沒辦法掌握零碎的消費，預期之外的支出不斷增加」

在諮詢家庭財務的第一線，都能聽到這類對行動支付的批評與讚美，但總歸來說，大部分的人都有「大概是因為方便划算所以不小心花太多錢了……」的感覺。

一如本書所述，「〇〇 Pay」這類智慧型手機 App 通常會提供比信用卡更高的紅利回饋，所以也越來越多人使用這類 App。

但如果覺得划算就使用行動支付，手邊的錢就會越來越少，陷入窮得沒有現金的困境。

就算支付方式從「現金」換成「行動支付」，支出仍是支出。

金錢的出口不過是從錢包換成銀行戶頭而已，支出的「透明度」仍非常重要，尤其行動支付不是我們熟悉的現金支付，所以更需要花心思管理。

行動支付肯定會越來越普及，並且滲透生活的每個角落。

沒有實際拿出紙鈔或銅板付帳，會讓人擔心自己亂花錢。但在行動支付普及的現代，我們的確有必要熟悉這種方便的新型支付方式。

你也可以趁著這波轉型，重新檢視自己在現金、信用卡、行動支付的消費習慣。

我有很多位客戶在徹底掌握金錢流向後，改善了家庭財務，一年存了日幣一百萬。

讓支出變得「透明」與掌握自己的消費習慣，留在手邊的錢自然而然就會開始增加。

橫山光昭

AB543

# 行動支付時代的金錢整理術：

## 看不到的錢更要留住！收入沒增加、存款卻增加的奇蹟存錢魔法

者 橫山光昭
者 許郁文
輯 單春蘭
約美編 江麗姿
面設計 走路花工作室

銷企劃 辛政遠
銷專員 楊惠潔
編 輯 姚蜀芸
社 長 黃錫鉉

經 理 吳濱伶
行 人 何飛鵬
版 創意市集

行 城邦文化事業股份有限公司
歡迎光臨城邦讀書花園
網址：www.cite.com.tw

港發行所 城邦（香港）出版集團有限公司
香港灣仔駱克道 193 號東超商業中心 1 樓
電話：（852）25086231
傳真：（852）25789337
E-mail：hkcite@biznetvigator.com

新發行所 城邦（馬新）出版集團
Cite（M）Sdn Bhd
41, Jalan Radin Anum, Bandar Baru Sri Petaling,57000 Kuala Lumpur, Malaysia.
電話：（603）90578822
傳真：（603）90576622
E-mail：cite@cite.com.my

刷 凱林彩印股份有限公司
2020 年（民 109）12 月初版一刷
Printed in Taiwan.
價 350 元

書籍外觀有破損、缺頁、裝釘錯誤等不完整現象，想要換書、書，或您有大量購書的需求服務，都請與客服中心聯繫。

戶服務中心
址：10483 台北市中山區民生東路二段 141 號 B1
務電話：（02）2500-7718、（02）2500-7719
務時間：周一至周五 9：30 ～ 18：00
小時傳真專線：（02）2500-1990 ～ 3
mail：service@readingclub.com.tw

※ 詢問書籍問題前，請註明您所購買的書名及書號，以及在哪一頁有問題，以便我們能加快處理速度為您服務。

※ 我們的回答範圍，恕僅限書籍本身問題及內容撰寫不清楚的地方，關於軟體、硬體本身的問題及衍生的操作狀況，請向原廠商洽詢處理。

※ 廠商合作、作者投稿、讀者意見回饋，請至：
FB 粉絲團・http://www.facebook.com/InnoFair
Email 信箱・ifbook@hmg.com.tw



國家圖書館出版品預行編目（CIP）資料

行動支付時代的金錢整理術：看不到的錢更要留住！收入沒增加、存款卻增加的奇蹟存錢魔法 / 橫山光昭著 . -- 初版 . -- 臺北市 : 創意市集 , 民 109.12
面； 公分 . -- (Bizpro 系列 )

ISBN 978-986-5534-14-1( 平裝 )

1. 儲蓄 2. 家庭理財

421.1 109013453